U0657981

电力物资采购技术评审指南

主网一次设备材料篇

《电力物资采购技术评审指南》编写组　编

中国电力出版社
CHINA ELECTRIC POWER PRESS

内 容 提 要

为了给电力行业采购优质设备、提升评标专家业务素质、加强廉洁风险防范提供理论支撑和工作指引，特编制《电力物资采购技术评审指南》丛书。本套丛书共分为三个分册，分别为《电力物资采购技术评审指南（主网一次设备材料篇）》《电力物资采购技术评审指南（主网二次设备及通信设备篇）》《电力物资采购技术评审指南（配网设备材料篇）》。

本分册为《电力物资采购技术评审指南（主网一次设备材料篇）》，共分为六章，分别为技术评审步骤、发电厂主设备、500kV及以上直流设备、交流主设备、500kV及以上直流线路材料和主网线路材料。

本丛书可供从事电力物资采购的专业技术人员及评标专家参考使用。

图书在版编目（CIP）数据

电力物资采购技术评审指南. 主网一次设备材料篇 / 《电力物资采购技术评审指南》编写组编. —北京：中国电力出版社，2021.10（2021.11重印）
ISBN 978－7－5198－5980－0

Ⅰ. ①电… Ⅱ. ①电… Ⅲ. ①电力工业–企业管理–采购管理–技术评估–中国–指南
②电网–一次设备–采购管理–中国–指南 Ⅳ. ①F426.61-62

中国版本图书馆 CIP 数据核字（2021）第 185436 号

出版发行：中国电力出版社
地　　址：北京市东城区北京站西街 19 号（邮政编码 100005）
网　　址：http://www.cepp.sgcc.com.cn
责任编辑：闫姣姣（010-63412433）
责任校对：黄　蓓　王海南
装帧设计：郝晓燕
责任印制：石　雷

印　　刷：北京天宇星印刷厂
版　　次：2021 年 10 月第一版
印　　次：2021 年 11 月北京第二次印刷
开　　本：710 毫米×1000 毫米　16 开本
印　　张：12.75
字　　数：183 千字
定　　价：65.00 元

丛书编委会

主　　任　　林俊昌

委　　员　　余晓峰　邓兴华　甘卓辉　杨　锋

　　　　　　任欣元　李　荣　刘　菲　黄　乐

本分册编写组

主　　编　　李　荣

副主编　　刘　菲　黄　乐　蒙明晓

编写人员　卢启付　张怡萌　谢　鹏　钟　飞

　　　　　　邓　威　董华梁　张征平　黄青松

　　　　　　庞小峰　孙　帅　于是乎　余　欣

　　　　　　蔡玲珑

前　言

随着电力系统高速发展，电力设备物资采购需求与日俱增，做好电力设备物资采购的技术评审是采购优质设备、保障电网安全稳定运行的关键。本套丛书作为电力行业评标专家现场专业技术培训教材，明确了电力物资采购目录中各品类材料和设备的技术评审要点，聚焦评标过程中投标方应重点响应的关键性能指标、技术参数要求，旨在为电力行业采购优质设备、提升评标专家业务素质和加强廉洁风险防范提供理论支撑和工作指引。本套丛书根据现有的公开发布的技术规范书编制而成，不作为具体招标项目的评审依据，涉及具体招标项目的技术要求须以招标文件为准。本套丛书共分为三个分册，分别为《电力物资采购技术评审指南（主网一次设备材料篇）》《电力物资采购技术评审指南（主网二次设备及通信设备篇）》《电力物资采购技术评审指南（配网设备材料篇）》。

本分册为《电力物资采购技术评审指南（主网一次设备材料篇）》，共分为六章，第一章总体介绍了主网一次设备材料招标技术评审的步骤及要点，自第二章开始，按照设备材料分类，分别介绍了发电厂主设备、500kV 及以上直流设备、交流主设备、500kV 及以上直流线路材料、主网线路材料等五大类的主网一次设备和材料的评审要点和关键性能指标。评标专家可通过学习本分册，将工作中积累的电力设备理论和技术评审要点进行精准对应，从而快速掌握技术评审技能。

特别需要说明的是，技术评审指南编制是一项专业性很强的工作，书中内容与相关单位发布的最新文件不一致时，请以最新文件为准。

由于编者知识水平和实践经验有限，书中难免有疏漏和不足之处，欢迎广大读者批评指正。

编　者

2021 年 10 月

目　录

前言

第一章　技术评审步骤 ·· 1

第二章　发电厂主设备 ·· 3

　　第一节　发电电动机 ·· 3

　　第二节　水轮机及其附属设备 ···································· 11

第三章　**500kV 及以上直流设备** ·································· 15

　　第一节　单相油浸式换流变压器 ·································· 15

　　第二节　500kV 柔性直流联接变压器 ······························ 22

　　第三节　直流换流阀 ·· 31

　　第四节　500kV 平波电抗器 ·· 40

　　第五节　直流控制和保护系统 ···································· 46

第四章　交流主设备 ·· 54

　　第一节　交流变压器 ·· 54

　　第二节　SF_6 瓷柱式断路器 ······································ 61

　　第三节　SF_6 罐式断路器 ·· 67

　　第四节　隔离开关 ·· 72

　　第五节　接地开关 ·· 75

　　第六节　中性点接地开关部分 ···································· 79

　　第七节　GIS ··· 81

　　第八节　框架式电容器组 ·· 85

　　第九节　500kV 高压并联电抗器（含中性点电抗器） ················ 90

　　第十节　500kV 限流电抗器 ·· 96

第五章　500kV 及以上直流线路材料 ································ 101

　　第一节　直流线材 ·· 101

　　第二节　直流塔材 ·· 105

　　第三节　±500kV 直流电力电缆 ································ 114

　　第四节　±500kV 直流电力电缆附件 ························ 120

　　第五节　换流站构支架钢结构 ································· 129

第六章　主网线路材料 ·· 140

　　第一节　交流线材 ·· 140

　　第二节　交流塔材 ·· 150

　　第三节　交流电力电缆 ··· 169

　　第四节　交流电力电缆附件 ····································· 176

　　第五节　交流盘型悬式绝缘子 ································· 184

　　第六节　交流变电站构支架钢结构 ···························· 189

第一章

技 术 评 审 步 骤

（1）评标专家需先根据评标办法中的初步评审标准（初评要素），判断投标人是否满足各条件，如有不满足，则应否决投标。

（2）投标人提供的设备技术参数及性能应完全满足或优于技术规范书中的设备详细技术要求，声明优于指标的应有相关机构出具的测试报告，部分设备（如变电站自动化系统等）应满足专用部分提出的使用条件。本书根据现有的公开发行的技术规范书进行编制，具体技术参数须以项目招标文件中的技术参数为准。

（3）评标专家应逐项审核标准技术参数表中投标人响应值，在可选和单一参数部分应额外关注可选参数，标准技术特性参数表（投标方填写）示例见表1-1。

表1-1　　　　标准技术特性参数表（投标方填写）示例

序号	参数类型	标准参数值	标准值特性	项目单位要求值	投标人响应值
1	断路器基本参数				
1.1	系统标称电压（kV）	220	单一	符合标准参数值	—
1.2	额定电压（kV）	252	单一	符合标准参数值	—
1.3	额定电流（A）	3150/4000	可选	项目单位选择	—
1.4	额定频率（Hz）	50	单一	符合标准参数值	—
1.5	额定绝缘水平				
1.5.1	额定雷电冲击耐受电压（1.2/50μs）（kV，峰值）				
1.5.1.1	相间及相对地	1050	单一	符合标准参数值	—

续表

序号	参数类型	标准参数值	标准值特性	项目单位要求值	投标人响应值
1.5.1.2	断口	1050（+200）	单一	符合标准参数值	—
1.5.2	额定工频短时耐受电压（1min）（kV）				
1.5.2.1	相间及相对地	460	单一	符合标准参数值	
...	...	...	...	...	...

注 以 220kV SF_6 瓷柱式断路器部分参数为例。

（4）投标人如有异议，应在投标文件中以"技术差异表"为标题的专门章节中加以详细描述，见表1-2，评标专家在进行技术评审时，如发现技术差异表中有不满足等情况，应根据评审办法中具体分值进行打分或为否决投标（具体以招标文件要求为准）。

表1-2 投标单位技术差异表

序号	招标文件条目	招标文件简要内容	投标文件条目	投标文件简要内容
1				
2				
3				
4				
5				

（5）投标单位需通过设备型号审查的设备有：220kV组合开关电气设备、SF_6 罐式断路器、110～500kV 交流变压器、500kV 单相油浸式换流变压器、SF_6 罐式断路器、500kV 平波电抗器、500kV 直流换流阀、变电站自动化系统及其包括的测控装置、智能远动机、站控层工业交换机。

（6）评标专家在评标现场还应查阅设备运行质量评价报告、供应商资质能力审查报告、供应商履约评价报告等。

第二章

发 电 厂 主 设 备

第一节 发 电 电 动 机

发电电动机是水轮发电机的核心设备，评审该设备时，总体原则是将满足额定容量要求、效率高、噪声小、故障率低、易于安装及检修、备品备件及专用工具充足等的设备评选出来。

一、发电电动机主要性能指标

（一）使用寿命及可靠性

可靠性：可用率、无故障连续运行时间（MTTF）、大修间隔时间、定子绕组绝缘寿命、退役前的使用寿命等均应符合或高于招标文件的要求。使用寿命及可靠性参数见表 2-1。

表 2-1　　　　　　　　使用寿命及可靠性参数表

序号	参数名称	要求
1	可用率	＞95%
2	无故障连续运行时间（MTTF）	20 000h
3	大修间隔时间	不少于 10 年
4	定子绕组绝缘寿命	不少于 30 年
5	退役前的使用寿命	不少于 40 年

投标方提供设备的性能应满足或优于上述要求。

评标专家可查阅"投标产品的相关试验报告"或"技术差异表"为标题的专用章节。

（二）效率

（1）发电机在额定容量、额定电压、额定转速、额定功率因数时，其效率保证值要求不低于招标文件的要求。发电机在不同功率、额定电压、额定转速、额定功率因数时，其加权平均效率保证值要求也不低于招标文件的要求。

（2）电动机在额定容量、额定电压、额定转速、额定功率因数时，其效率保证值要求不低于招标文件的要求。电动机在不同出力、额定电压、额定转速、额定功率因数时，其加权平均效率保证值要求也不低于招标文件的要求。

（三）损耗

发电电动机的损耗应尽可能小。主要损耗如下：

（1）定子绕组铜损；

（2）转子绕组铜损；

（3）铁芯损耗；

（4）风损及摩擦损耗；

（5）推力轴承损耗（发电电动机分担部分）；

（6）导轴承损耗、电刷摩擦损耗；

（7）杂散损耗；

（8）励磁系统（包括励磁变压器、整流器等）损耗；

（9）其他损耗。

上述各项损耗的数值越小，发电电动机的效率就越高。

（四）温升

在额定工况，空气冷却器进口水温不超过30℃，冷却器出口空气温度不超过40℃的环境条件下，长期连续运行时，发电电动机各部位温升限值见表2-2。

表2-2   发电电动机各部位温升限值表

序号	发电电动机各部位		温升限值
1	定子绕组	ETD	80K
2	转子绕组	R	90K
3	定子铁芯	ETD	80K
4	集电环	T	60K
5	推力、导轴承最高温度不超过	ETD	75℃

（五）电抗

直轴同步电抗 X_d（不饱和值）、直轴瞬态电抗 X'_d（不饱和值）、直轴超瞬态电抗 X''_d（饱和值）、交轴超瞬态电抗 X''_q 与直轴超瞬态电抗 X''_d（不饱和值）之比均应符合技术参数要求。发电电动机应允许提高功率因数到 1 运行，以使发电机有功功率值提高到额定容量（视在功率）值。

（六）过电流、耐受短路电流、不对称运行

（1）发电电动机在热状态下，在规定的调压范围内，应能承受 150%额定电流历时 2min 不发生有害变形及线圈铜焊接头开焊等情况。

（2）发电电动机转子绕组应能承受 2 倍额定励磁电流，持续时间不小于 50s。

（3）发电电动机各部分结构强度应能承受在额定转速及空载电压等于 105%额定电压下历时 3s 的三相突然短路试验而不产生有害变形。同时，还应承受在额定容量、额定功率因数和 105%额定电压及稳定励磁条件下运行时，历时 30s 的短路故障而无有害的变形和损坏。

（4）发电电动机在不对称的电力系统中运行时，若任何一相电流均不超过额定值，且负序电流分量与额定电流之比不超过 9%，应能长期运行。在不对称故障时，短时间允许的不平衡电流，其负序电流 I_2 的标幺值的平方与时间 t（s）的乘积在制造时按 40s 计算。

（七）特性参数

（1）绝缘等级：定子、转子绕组及定子铁芯绝缘应不低于 F 级标准。

（2）转子绝缘：转子单个磁极挂装前及挂装后交流阻抗值应无显著差

别，且在室温+10～+30℃用 1000V 绝缘电阻表测量时，其绝缘电阻值应不小于 5MΩ。挂装后转子整体绕组的绝缘电阻值应不小于 0.5MΩ。

（3）定子直流电阻：定子绕组在实际冷态下，直流电阻最大与最小两相间的差值，在校正了由于引线长度不同引起的误差后应不超过最小值的 2%。

（4）极化指数：发电电动机定子绕组的极化系数 R_{10}/R_1（R_{10} 和 R_1 为在 10min 和 1min 温度为 40℃以下分别测得的绝缘电阻值）应不小于 2.0。

（5）直流耐压及泄漏电流：在工频耐压试验前，定子绕组在进行 3 倍额定线电压的直流耐压及泄漏电流试验时，试验电压按 0.5 倍额定电压分阶段升高，每阶段停留 1min，其各相泄漏电流的差别不应大于最小值的 50%，且泄漏电流不随时间的延长而增大。

（6）工频耐压试验：组装完成以后的定子和转子，其绕组与机壳及绕组相互间的绝缘应能承受表 2-3 所规定的 50Hz 交流（波形为实际正弦波）试验电压，历时 1min 绝缘不应有任何损坏。

表 2-3 　　　　　　　　发电电动机绕组绝缘介电强度试验标准

序号	发电电动机部件		试验电压
1	定子绕组	定子成品线圈（出厂例行试验）	$(2.75U_N+6.5)$ kV
2		定子线圈在工地嵌装前	$(2.75U_N+2.5)$ kV
3		下层线圈嵌装后	$(2.5U_N+2.0)$ kV
4		上层线圈嵌装后（打完槽楔）	$(2.5U_N+1.0)$ kV
5		定子安装完成	$(2U_N+1)$ kV
6	转子绕组	额定励磁电压 500V 及以下	10 倍额定励磁电压（但最低不得低于 1500V）
		额定励磁电压 500V 以上	2 倍额定励磁电压+4000V

注　1. 表中 UN 为发电机额定线电压（有效值），单位 kV。
　　2. 转子绕组试验电压值为转子装配完成后的耐压值。

（7）起晕试验：定子单根线棒（或线圈）起晕电压不低于 1.5 倍额定线电压；整机起晕电压不低于 1.1 倍额定线电压。

（8）局部放电试验：出厂试验的时候应进行定子线棒局部放电抽样试验，试验标准：相电压下不大于 1000pC，线电压下不大于 2000pC，抽样数量按照每批量的 10%。

（9）全谐波畸变因数（THD）：定子绕组接成正常工作方法时，在空载额定电压和额定转速时，线电压波形的全谐波畸变因数（THD）不超过 5%。

（10）过转速：发电电动机结构设计的最大飞逸转速要求在水轮机工况最大飞逸转速基础上（不小于额定转速的 1.45 倍）预留不低于 10% 安全裕度。发电电动机和与其直接或间接连接的辅机在最大飞逸转速下运行 5min 不应产生有害变形和损坏，并能够承受所有极端工况下最大瞬态转速，此时除主轴以外的转动部件材料的计算应力不得超过材料屈服强度的 2/3。

（11）临界转速：发电电动机与水轮机组装后，转动部分的第一阶临界转速不小于最大飞逸转速的 1.25 倍。

（12）过转矩：电动机工况运行时电机应能经受 150% 额定转矩持续时间为 15s 不失步。

（13）承受磁拉力：发电电动机的结构应能承受转子半数磁极短路时产生的不平衡磁拉力，而不产生有害变形和损坏。

（14）振动：在正常运行工况下，发电电动机各导轴承支架的水平振动量（混频双幅值）和带推力轴承支架的垂直振动量（混频双幅值）均参照 ISO 10816-5《机械振动：通过非旋转部件的测量评定机械振动　第 5 部分：水利发电和抽水设备中的机组》或者 GB/T 6075.5《在非旋转部件上测量和评价机器的机械振动　第 5 部分：水力发电厂和泵站机组》要求，并按照速度均方根值（mm/s）界定，需符合 A 区优良标准；在对称负载和允许的不对称负载工况下，定子铁芯的 100Hz 双幅振动量不应超过 0.03mm；定子铁芯部位机座水平振动不应超过 0.02mm。

（15）噪声：在正常运行时，发电电动机盖板外缘上方垂直距离 1m 处的噪声（声压级）不超过 85dB（A）。

（16）电动机工况起动方式：变频起动为正常起动方式，背靠背起动作为备用起动方式。

（17）开停机次数：发电电动机应能适应调峰、填谷及紧急事故备用的运行要求，其日平均开停机次数为 10 次（开、停按一次计算）。

二、发电电动机关键部件及要求

（一）定子

（1）定子机座：机座应有足够的强度和刚度，可承受在制造、运输、安装以及双向运行情况下的异步同期、短路、半数磁极绕组短路等各种力的作用而不产生损害和不超过允许的变形。定子机座的结构可满足起吊整个定子的要求。

（2）定子铁芯：定子铁芯采用由低损耗，高导磁率、非晶粒取向、无时效、机械性能优质的冷轧硅钢片。每片硅钢片无毛刺，双面各涂两遍固化时间短、收缩率小的 F 级绝缘漆，涂层应均匀，表面光洁、无刮痕、无金属亮点。定子铁芯磁化铁损试验应符合有关规程标准规定，在运行时铁芯应无明显蜂鸣声。定子铁芯应采取减小内部的热应力和铁芯与机座间的温差，增加铁芯抗"翘曲"的强度的措施，以有效防止有害的翘曲变形。

（3）定子绕组：定子绕组导体应为电解铜，纯度不低于 99.9%。绕组采用 VPI 或 VPR 线棒，并具有良好的防电晕和耐腐蚀能力。绕组在槽内与铁芯之间应紧密无间隙，填料应采用 F 级绝缘。绕组在槽内有可靠的防松动措施，使之在频繁起停和各种工况下以及非正常运行情况下不产生松动、位移和变形。槽电位的实测值应小于 10V。绕组的接头应采用铜-银焊接工艺，接头处的载流能力不低于同回路的其他部位。

（二）转子

（1）转子中心体：转子中心体应具有足够的强度和合适的刚度，并采用一体式焊接结构，具有足够的强度和合适的刚度。转子中心体优先考虑采用铸钢结构。

（2）磁轭：磁轭可采用叠片磁轭组成，也可采用高强度厚环形钢板组成。磁轭结构应满足通风要求。在任何工况、转速下应能保证转子运行时的圆度、同心度及气隙的均匀度，且做到不使转子重心偏移而产生振动。

（3）磁极：为便于安装及检修，磁极结构的设计宜考虑使其不必吊出转子就能吊出磁极。磁极在其寿命期内的高周期疲劳次数应不低于 60 000 次。

磁极线圈结构应确保有效的冷却。极间连接应十分可靠，极间连接应预留一定长度使其具有一定的柔性，并便于拆卸和检修，应有防止磁极绕组和极靴绝缘垫板产生变形和滑动的措施。

（4）阻尼绕组：阻尼绕组应具有承受短路电流和不平衡电流的能力。阻尼环之间采用柔性连接方式，防止因振动和热变形以及磁极拉力或压力引起故障或疲劳开裂。

（三）推力轴承

（1）推力轴承及其支承部分应能承受机组转动部分的重量和作用在转轮上的最大水推力。推力轴承应能在各种工况下正常运行并且允许机组在停机后立即起动，允许在事故情况下不制动停机，并在各种工况下运行，包括机组从飞逸转速不加制动到停机的整个过程中推力瓦均不会损伤。

（2）在下列情况下，推力轴承能安全运行而无损坏：

1）在 50%～110% 额定转速下连续运行；

2）在 10%～50% 额定转速下连续运行 30min；

3）在最高飞逸转速下连续运行 5min；

4）在事故情况下不加制动到停机的整个过程。

（3）推力瓦的支撑结构采用弹性支承方式。推力轴承油盆在任何运行工况下不应有渗油、漏油、甩油现象，设有易于观察油位的监视器。在推力轴承油温不低于 10℃时，应允许机组正常起动。

（4）推力轴承的结构和布置应留有足够的检修空间，能在不干扰转子、定子、不拆卸推力头等条件下可以方便地进行轴瓦的拆卸、安装和调整。

（四）导轴承

（1）导轴承和轴承支架的设计应有足够刚度以保证机组能在各种工况下安全运行，并使机组轴线的摆动在规定范围内。

（2）导轴承抗重块强度刚度应满足飞逸转速要求。

（3）导轴承结构应能承受各种工况下加于轴承的径向力和半数磁极短路时产生的单边磁拉力。

（4）应有阻止渗油、溢油、甩油和油雾扩散的可靠措施。轴承油盆的设计应考虑为易于取油样的结构。导轴承取油样管路应引出机坑外方便操作处。

（5）导轴承应能在不干扰转子、定子等条件下可以拆卸、安装、检修和调试。

（五）通风冷却系统

（1）发电电动机定子、转子均采用空气冷却，应采用无外加电动风机设计方式，采用双侧通风，在厂房基础上无需留出风道，使风量分配合理，冷却效果好。

（2）空气冷却器冷却容量的设计裕度应不小于 115%，且应保证发电电动机在额定工况运行时，任一台冷却器退出运行后，当进口冷却水温不大于 30℃，冷却器出口空气温度不超过 40℃时，发电电动机各部位温升不超过允许温升限值。

（3）空气冷却器宜采用高导热的铜镍合金无缝管等耐腐蚀材料制成，上、下水箱的盖板应制成可拆的，承管板宜采用耐腐蚀的不锈钢材料。端盖的密封材料使用寿命应不少于 10 年。

（4）每个冷却器应有防止冷却水渗漏时流入定子线棒的措施。

（5）冷却器根据机组冷却水压力按最大压力 1.6MPa 或 2.5MPa 设计，试验水压为 1.5 倍最大压力，历时 30min，然后将压力下降至设计最大压力再保持 30min，冷却器不得出现任何泄漏或损坏。冷却器进、出口压力表计之间的水压降不得超过 0.05MPa。

（6）冷却器的位置应便于检修时拆装和吊出，应尽量避免布置在主引出线和中性点引出线的正下方。如布置在主引出线和中性点引出线的正下方，应有措施将其拆装和吊出。

（六）轴承润滑油冷却系统

（1）油冷却器应采用高导热、耐腐蚀的材料制成；油冷却器及其配件应保持不渗漏。

（2）管路法兰密封垫片应采用 PTFE 等老化寿命长的材料而不得采用普通丁腈橡胶材料。

（3）推力轴承润滑油冷却宜采用强迫外循环方式。推力轴承宜采用板式油冷却器，设计应留有备用冷却器。

（4）推力轴承油外循环所采用的油泵组、过滤器应为两套，能互为备用。

（七）润滑油系统

（1）润滑系统中的油管和阀门应采用不锈钢材料。油泵宜采用业内成熟产品的螺杆泵，并能适应75℃以下的透平油工作介质。

（2）油盆的油量应按额定工况运行时油冷却器冷水中断10min的轴瓦允许温升确定。

（3）轴承油盆应密封良好，能防止油雾逸出，油盆焊缝应经无损探伤合格。

（4）润滑油采用相当于GB 11120《涡轮机油》中适宜的汽轮机油，润滑油质及技术要求应满足国标要求。

（5）应设置油样采集装置、方便巡检直接观察的油位计。

三、发电电动机设备技术评标报告

发电电动机设备技术评标报告应包含：投标文件的技术响应情况，实质性差异条款情况；发电电动机设备的主要结构及技术特点，发电电动机设备的主要性能参数，供货范围情况，备品备件、专用工具的响应情况。

第二节　水轮机及其附属设备

进行水轮机及其附属设备技术评审时，对于水轮机，主要关注其需要满足的水轮机的输入功率、输出功率、流量和效率保证等性能要求，包括水轮机工况最大输出功率、额定水头下输出功率以及输出额定功率的最小水头、泵工况各扬程下的输入功率等。效率保证关注发电工况和水轮机工况下模型效率和原型效率，加权平均效率和最高效率、最优效率的保证值，对照模型试验报告核对。水泵工况最大扬程下的流量也是要重点审核的。

评审过程中，还需要核对水泵水轮机各工况转换时间能否完全响应、水泵水轮机及其过流部件空蚀保证值、水力过渡过程计算和参数保证值、压力脉动和振动保证值、水泵水轮机运行噪声、导叶漏水量、可靠性要求、水轮机轴承运行温度等其他性能保证值。

对于抽水蓄能机组，球阀是主要水机辅助设备。由于抽水蓄能机组运行水头很高，引水系统多属一同多机组结构。而且上库离厂房很远，一旦出现重大缺陷就会水淹厂房。因此对球阀的材料、结构、制造工艺包括控制系统都要求很高，保证在运行期开得起、关得了。评标时需认真核对：

（1）材料，包括活门材料、阀体材料、密封材料及采用的密封结构。

（2）阀体质量和运输质量，球阀部件在机组甩负荷时会受很大的作用应力，质量要满足要求。

（3）工作压力值和试验压力值。

（4）看投标厂应力分析报告，关注最大许可最大应力值。

水轮机控制系统设备是水轮机最主要的辅助设备，包括调速器、调速器压油装置、接力器以及一系列液压控制元件。对于可逆式水轮机，运行工况转换多、转换频繁。对调速器软硬件功能以及可靠性比常规机组会提出更高的要求。除国家及行业标准要求外，结合落实"二十五项反措"对液压转换的结构和可靠性、用户业绩有严格要求。

一、水轮机及其辅助设备主要技术性能指标

（一）水轮机部分

结合制造方提供水轮机水力性能开发 CFD 分析报告，关注水轮机在各种工况下各过渡过程的稳定性运行指标，如比转速指标，水轮机运行额定转速、飞逸转速、运行额定水头等。振动、轴承摆度，各部压力脉动、水推力、轴承运行温度等，驼峰安全裕度是可逆式水轮机特有的，应满足业主要求。发电工况和水泵工况的能量指标，如水轮机原型平均效率、模型平均效率等，查阅所提供转轮模型试验分析报告。可靠性指标，水轮机的空化系数、气蚀损坏量，"S"区裕量、使用年限。

（二）顶盖、大轴、蜗壳、座环、底环、尾水管等

主要查阅这些金属部件的应力强度分析报告，最大可许应力指标应满足

要求。

（三）球阀

查阅投标球阀单位应力分析报告，关注材质和最大可许应力指标。

（四）水轮机调速器

除应满足标准所要求的硬性指标外，需结合电站的特点，所提供的开机规律和导水叶关闭规律。机组各种工况下甩负荷指标满足设计单位调调节保护算要求。对于调速器，特别要关注调速器的测频方法，频率测量精度达到多少，电液转换器采用何种方式，油耗等。进行各投标单位比较、业绩比较。提供的导叶控制方式（单导叶/多导叶控制），满足机组空载并网要求。

二、水轮机及其附属设备关键部件

水轮机及其附属设备关键部件主要包括水轮机转轮、顶盖、水轮机主轴、水轮机导轴承、水轮机同转轮联结螺栓、导水机构（导水叶、双联臂、控制环等）、蜗壳、底环、座环、尾水管。还有主要辅助设备球阀、调速器以及压油装置。评标专家要认真核对物资清单和备品备件清单，包括提供型号、数量、设备制造厂家要求。

三、水轮机及其附属设备关键技术工艺

抽水蓄能机组运行水头高，工况转换复杂，对水轮机及其附属设备强度和抗疲劳提出很严格要求。设备制造厂商必须在设备设计、材料选用、焊接工艺上下功夫。水轮机及其附属设备关键技术工艺主要是转轮制造焊接技术工艺。评标专家查阅技术标书，招标书要求，技术书响应内容。例如：转轮为不锈钢铸焊结构，转轮制造和设计工艺满足各种工况下运行的强度要求。主要部件螺栓现场安装操作工艺要求。

四、水轮机及其附属设备技术评标报告

根据招标人的招标文件，技术评标报告应包含水轮机及其附属主要设备的性能指标比较、材料工艺比较、运输安全保证、设备制造现场安装进度保

证，现场拆装方式，工厂试验、现场试验等内容。对于没有成熟投产业绩的转轮，需要对投标方开展的水力性能研究、开发的新型转轮根据提供的研究报告、模型试验报告做个综合评价、有何技术优势等。

　　对于招标人关注的技术问题、反措方案，对各投标方响应程度做比较（包括提供原因分析、解决方案）。

第三章

500kV 及以上直流设备

第一节　单相油浸式换流变压器

一、单相油浸式换流变压器关键性能指标

（一）使用寿命

单相油浸式换流变压器本体寿命不少于 40 年，密封件寿命不低于 15 年，除干燥剂外至少六年内免维护。

投标方提供设备的性能应满足或优于此项，应有相关报告作为支撑。

评标专家可查阅"投标产品的相关试验报告"或"其他的技术资料"为标题的专用章节。

（二）温升限值

（1）投标方应提供线圈最热点位置及最热点温升数据，并应提供最热点温升的直测试验报告或者仿真计算报告。

（2）换流变压器采用 Box–in 降噪方案时，Box–in 密闭空间内部的温度控制由招、投标双方另行协商确定。

（3）投标方应提供磁场和温度场计算报告，阐明漏磁场和温度场的分布特性，并阐述所采用的抑制局部发热的技术措施。

投标人提供设备的性能应满足此项。

评标专家可查阅"技术规范书专用部分"标准技术参数表章节。

（三）直流偏磁耐受能力

（1）投标方应保证每相换流变压器应具备长期承受 10A（折算至网侧）直流偏磁电流的能力，并应满足相关系统研究的要求。投标方应提交直流偏磁电流耐受能力评估报告。

（2）换流变压器铁芯和绕组温升、振动等不超过各专用规范的规定值，油色谱分析结果无异常。

投标人提供设备的性能应满足此项。

评标专家可查阅"技术规范书专用部分"标准技术参数表章节。

（四）抗短路能力

（1）制造厂应保证换流变压器绕组和铁芯的机械强度和热稳定性。在无穷大电源条件下出口短路时，持续时间为 2s，变压器各部件不应有损伤，绕组和铁芯不应有不允许的变形和位移。短路后线圈温度应低于 250℃，并应能承受重合于短路故障上的冲击力。

（2）制造厂应提供换流变压器承受短路能力计算书，计算报告中应按照 GB/T 1094.5 附录 A 条款要求提供各项设计裕度值（名词解释详见 GB/T 1094.5《电力变压器　第 5 部分：承受短路的能力》）。

（3）换流变压器宜提供短路承受能力试验报告。各厂在投标时应提供投标变压器与通过突发短路能力变压器在变压器承受短路能力工艺和材料等的差异。

（4）换流变压器网侧、阀侧及调压线圈应采用（无氧铜）半硬导线或者自粘换位导线（屈服强度不宜低于 160N/mm²）。

投标人提供设备的性能应满足此项。

评标专家可查阅"技术规范书专用部分"标准技术参数表章节。

（五）试验

换流变压器试验应按照招标技术文件和相关标准的有关条款进行。变压器的绝缘试验应根据本招标技术文件以及 GB 1094《电力变压器》、GB/T 18494.2《变流变压器　第 2 部分：高压直流输电用换流变压器》、GB 20837《高压直流输电用油浸式平波电抗器技术参数和要求》等标准的要求开展。

应对变压器上安装的附件开展功能试验。

试验类型包括原材料及半成品检验试验、型式试验、例行试验、套管试验、有载开关试验、电流互感器试验、金具试验。

原材料及半成品检验试验指产品外购件入厂时必须开展的检验试验，以及产品生产过程中必须开展的工序间检测。

投标方应提供详细的、由有资质的第三方检测机构出具的型式试验和特殊试验报告，进行试验的换流变压器结构应与提供给招标方的相同，任何性能方面的改变都要通过型式试验的验证。

例行试验为每台供货产品都要进行的试验。对于每个生产厂家，每种类型的首台换流变压器需完成全部例行试验项目和型式试验项目。

（六）噪声

换流变压器对噪声 U_N 详细要求见专用条款。对噪声有特殊要求地区，项目单位可以适度要求降低噪声分贝水平，以满足当地噪声要求。投标方应提供噪声计算及设计报告（含冷却器风扇控制方案）。

投标方提供设备的性能应满足或优于此项。

评标专家可查阅"技术规范书专用部分"标准技术参数表章节。

（七）过负荷能力

换流变压器过负荷能力的要求详见专用条款。投标方应提供该换流变压器负载能力计算报告（含热特性参数），投标方应提供不同条件下（一般会有：不同环境温度、有无冗余冷却装置、过负荷时间等不同条件），换流变压器的过负荷能力曲线（以表格形式）。

投标方提供设备的性能应满足或优于此项。

评标专家可查阅"技术规范书专用部分"标准技术参数表章节。

（八）谐波电流和损耗限值

根据 GB/T 18494.2 标准计算谐波电流引起的附加损耗。

投标人提供设备的性能应满足此项。

评标专家可查阅"技术规范书专用部分"标准技术参数表章节。

二、单相油浸式换流变压器关键部件

（一）铁芯

应选用同一批次的优质、低损耗的冷轧晶粒取向硅钢片（硅钢片厚度要求详见专用条款）。整个铁芯采用绑扎结构，在芯柱和铁轭上采用多阶斜搭接缝，铁芯装配时应用均匀的压力压紧整个铁芯，铁芯组件均衡严紧，不应由于运输和运行中的振动而松动。铁芯级间叠片应有适当的油道以利于冷却。

投标人提供设备的性能应满足此项。

评标专家可查阅"投标产品的相关试验报告"为标题的专用章节。

（二）绕组

同台换流变压器的绕组应采用同一厂家导线绕制、同一线规的导线应采用同一批次产品。所有绕组均应采用漆包线。用于制造线圈的导线应采用优质铜材，表面光滑无毛刺，绝缘纸带质地均匀、包裹紧密、厚度合格、搭接到位；组合导线的子导线间绝缘应经过耐压试验。应在换流变压器制造过程中对换位导线的各股线间进行绝缘试验，以便尽早发现绝缘缺陷。绕组和引线应绑扎得足够牢固，以防止由于运输、振动和运行中短路时产生相对位移。绕组设计应使电流和温度沿绕组均匀分布，并使绕组在承受全波和截波冲击试验时得到最佳的电压分布。绕组应能承受短路、过载和过电压而不发生局部过热。投标方应提供铁芯结构和绕组的布置排列情况。

投标人提供设备的性能应满足此项。

评标专家可查阅投标文件中变压器图纸、变压器线圈最热点分布位置及温升－时间曲线、抗短路能力计算书、磁屏蔽方法等说明文件。

（三）冷却装置

冷却装置技术参数应满足技术规范书专用部分的技术参数表，且做以下补充要求：

（1）同一投标方供货的同类型的换流变压器应采用型号一致的冷却器，冷却系统的工作电源应有三相电压监测，任一相故障失电时，应保证自动切换至备用电源供电。

（2）强油循环冷却系统的两个独立电源应能独立切换，潜油泵启动应逐台启用，延时间隔应在 30s 以上。

投标人提供设备的性能应满足此项。

评标专家可查阅"变压器详细说明"为标题的专用章节。

（四）套管

换流变压器套管是变压器十分重要的组件，其技术参数应完全满足技术规范书专用部分的技术参数表，且做以下补充要求：

换流变压器套管分为网侧套管和阀侧套管，除应满足套管通用要求外，还应满足各自的特定要求。

投标方提供设备的性能应满足或优于此项。

评标专家可查阅"投标产品的相关试验报告"为标题的专用章节。

（五）分接开关

分接开关技术参数应满足技术规范书专用部分的技术参数表，且做以下补充要求：

（1）投标方应提供有载分接开关配置原则及详细选型报告，提供有载分接开关恢复电压曲线和绝缘强度恢复曲线，保证规定的谐波电流下的开断能力并提供证明材料，提供型式试验报告。

（2）分接开关承受的短路电流应不小于所连接绕组过电流限值。在最严重工况短路电流下，触头不熔焊、烧伤、无机械变形，保证可继续运行。

（3）分接开关及其切换开关触头的维护和使用寿命应满足技术规范书专用部分的要求，投标方应提供有载调压装置的型式试验报告和电气寿命试验报告。

投标方提供设备的性能应满足或优于此项。

评标专家可查阅"投标产品的相关试验报告"为标题的专用章节。

（六）温度测量

变压器应装设 2 套独立绕组温度和 1 套油面温度测量装置，户外主变压器绕组温度表及油面温度表应加装防雨装置（Box–in 除外），油面温度测量点放于油箱长轴的两端；测温装置应有 2 对输出信号接点：低值→发信号，高值→

跳闸；油温测量装置的报警和跳闸接点应具有防雨防潮措施，确保正常情况下不发生误动。

投标方提供设备的性能应满足或优于此项。

评标专家可查阅"投标产品的相关试验报告"为标题的专用章节。

（七）套管电流互感器

套管电流互感器技术参数应满足技术规范书专用部分的技术参数表，且套管电流互感器二次引出线芯柱必须是一体浇注成形，导电杆直径不小于8mm，并应有防转动措施。

投标人提供设备的性能应满足此项。

评标专家可查阅"投标产品的相关试验报告"为标题的专用章节。

（八）油箱

变压器油箱应采用高强度钢板焊接而成，油箱内部应根据需要合理布置磁屏蔽措施，以减小杂散损耗。油箱顶部应保证不积水，并能将气体积聚通向气体继电器。应在变压器合适位置设置 1～2 个人孔，便于进箱检查变压器全部部件；为攀登油箱顶盖，应设置一只带有护板可上锁的爬梯；变压器除箱沿外，所用橡胶密封件应选用以丙烯酸酯或氟橡胶为主体材料的密封件，保证不渗漏油。

投标方提供设备的性能应满足或优于此项。

评标专家可查阅"投标产品的相关试验报告"为标题的专用章节。

三、单相油浸式换流变压器关键工艺

（一）设备安装使用说明书

投标人应提供对应应标交流变压器设备型号的安装使用说明书。

（二）设备维护检修手册

投标人应提供按规定模板编制的对应应标交流变压器设备型号的维护检修手册。

（三）油箱加工

油箱内部金属件尖角棱边应全部加工、打磨为光滑圆角以改善接地电场，并磨平油箱内壁可能的尖角毛刺、焊瘤和飞溅物，确保内壁光洁，焊缝应无气孔、夹渣、裂纹、咬边等焊接缺陷，焊缝不允许有渗漏。油箱及附件环境腐蚀级别按照 C4（ISO 12944-2：2017《腐蚀环境分类》中表 1）执行，油漆的耐久性应为 15 年以上。投标人应提供油箱油漆的质量检测报告、油箱整体试漏的试验报告。

（四）绝缘件加工

绝缘件加工车间温度保持 8～32℃，相对湿度≤70%，降尘量≤20mg/（m^2·日）；所有绝缘件边角需进行倒角处理，加工面应光洁无尖角毛刺；绝缘件表面平整，无污染、划痕、起皮，层间无开裂。所有纸板在使用及加工前，每张纸板必须有生产厂家商标及打码，严禁使用未打码的纸板。线圈撑条应采用机加工铣削方式制造，应在层压之后再加工成型。换流变压器所使用的绝缘成型件应经过 X 光检测，确保无金属颗粒及可见裂缝、气泡等缺陷。

（五）铁芯加工

铁芯加工环境温度 8～32℃，湿度≤70%，降尘量≤30mg/（m^2·日）；硅钢片剪切毛刺控制在 0.02mm 以下；硅钢带剪切 S 弯在 0.2mm/2m 之内；铁芯叠装后使用专用设备和材料进行铁芯收紧，铁芯受力均匀，应采用环氧玻璃丝带或聚酯带或半导体绑带等材料进行绑扎，不应使用金属材料。

（六）线圈制造

线圈绕制环境温度 8～32℃，湿度≤70%，降尘量≤20mg/（m^2·日）；导线拉紧装置应控制在绕线过程中导线与金属件的接触，防止金属粉尘进入线圈，线圈幅向偏差≤3mm。线圈换位采用液压换位器或专用的换位工装，保证 S 弯的外形质量，无剪刀差，导线匝绝缘不得有损伤；线圈宜采用恒压干燥处理，恒压干燥的压力按照线圈的计算短路力控制，自粘换位导线应采用逐步加压的方式

（七）器身装配

环境温度 8～32℃，湿度≤70%，降尘量≤20mg/（m^2·日）；线圈压（套）装前应调整每个线圈（含上下绝缘）间的高度，保证互差不超过 3mm；线圈套装，应确保各线圈之间的紧实，套装过程中应带有摩擦力套装，缓慢

地下落线圈期间，检查撑条是否保持铅垂直并无移位；引线冷压连接时应采用带观察孔的线耳或接管，压接线应剪齐后再进行压接；引线焊头质量良好，无尖角、毛刺、焊渣、黑色氧化皮、残留焊药等。

（八）总装配

环境温度要求：8～32℃，湿度≤70%，降尘量≤20mg/（m^2·日）；检查器身在油箱中定位准确，引线对线圈，引线对引线，引线对箱壁的距离符合要求。换流变压器应采用气相干燥处理器身。定期进行绝缘样块含水量测试应根据设计计算的轴向短路电动力，采用同步加压装置对器身同步、均匀、可靠施加压力。变压器器身暴露在空气中的时间：相对湿度不大于 65%为 16h，相对湿度不大于 75%为 12h。

第二节　500kV 柔性直流联接变压器

一、柔性直流联接变压器关键性能指标

（一）使用寿命

柔直变压器应不少于 40 年，密封件寿命不低于 15 年，除干燥剂外至少六年内免维护。投标方应提供柔直变压器（含关键组部件）的寿命分析报告，并提供典型绝缘材料的老化特性分析报告。

投标方提供设备的性能应满足或优于此项。

评标专家可查阅"投标产品的相关试验报告"或"其他的技术资料"为标题的专用章节。

（二）直流偏磁耐受能力

（1）投标方应保证每相柔直变压器应具备长期承受 10A、3 小时 12A（折算至网侧）直流偏磁电流的能力，并应满足相关系统研究的要求。投标方应提交直流偏磁电流耐受能力评估报告。

（2）柔直变压器铁芯和绕组温升、振动等不超过各专用规范的规定值，油色谱分析结果无异常。

投标方提供设备的性能应满足或优于此项。

评标专家可查阅"投标产品的相关试验报告"或"其他的技术资料"为标题的专用章节。

（三）噪声要求

对噪声有特殊要求地区，项目单位可以适度要求降低噪声分贝水平，以满足当地噪声要求。投标方应提供噪声计算及设计报告（含冷却器风扇控制方案）。

投标方提供设备的性能应满足或优于此项。

评标专家可查阅"投标产品的相关试验报告"或"其他的技术资料"为标题的专用章节。

（四）试验

换流变压器试验应按照招标技术文件和相关标准的有关条款进行。变压器的绝缘试验应根据本招标技术文件以及 GB 1094、GB/T 18494.2、GB 20837等标准的要求开展。应对变压器上安装的附件开展功能试验。

试验类型包括原材料及半成品检验试验、型式试验、例行试验、套管试验、有载开关试验、电流互感器试验、金具试验。

原材料及半成品检验试验指产品外购件入厂时必须开展的检验试验，以及产品生产过程中必须开展的工序间检测。

投标方应提供详细的、由有资质的第三方检测机构出具的型式试验和特殊试验报告，进行试验的换流变压器结构应与提供给招标方的相同，任何性能方面的改变都要通过型式试验的验证。

例行试验为每台供货产品都要进行的试验。对于每个生产厂家，每种类型的首台换流变压器需完成全部例行试验项目和型式试验项目。

投标方提供设备的性能应满足或优于此项。

评标专家可查阅"投标产品的相关试验报告"或"其他的技术资料"为标题的专用章节。

（五）抗短路能力

投标方应提供变压器承受短路能力计算书；变压器宜提供短路承受能力试验报告。各厂在投标时应提供投标变压器与通过突发短路能力变压器在变压器承受短路能力工艺和材料等的差异。

投标方提供设备的性能应满足或优于此项。

评标专家可查阅"投标产品的相关试验报告"或"其他的技术资料"为标题的专用章节。

（六）空负载损耗要求

柔直变压器空负载损耗要求详见专用条款。投标方应提供损耗计算报告，并阐明以下各项损耗是如何确定的：

（1）额定电压下的空载损耗；

（2）直流偏磁引起的附加空载损耗；

（3）主分接和最小分接在额定电流下的工频负载损耗，分别列出 I^2R 损耗、绕组中的附加损耗及结构件中的附加损耗；

（4）谐波负载损耗。

负载损耗都换算至 80℃。以上（1）、（3）和（4）项作为损耗保证值并由试验验证。投标方应说明第（2）项附加空载损耗值是如何确定的。

投标方提供设备的性能应满足或优于此项。

评标专家可查阅"投标产品的相关试验报告"或"其他的技术资料"为标题的专用章节。

（七）过激磁能力

在给定的系统电压和频率的变化范围内，阀侧绕组承受最高电压时，柔直变压器能够正常运行。对过激磁能力的要求详见专用条款。投标方应提供 100%、105%、110%情况下激磁电流的各次谐波分量，并按 50%～115%额定电压下空载电流测试结果提供励磁特性曲线。同时，还应提供额定电压下的设计磁密（特斯拉）。

投标方提供设备的性能应满足或优于此项。

评标专家可查阅"投标产品的相关试验报告"或"其他的技术资料"为标题的专用章节。

（八）过负荷能力

投标方应提供该柔直变压器负载能力计算报告（含热特性参数），投标方应提供不同条件下（一般有：环境温度、有无冗余冷却装置、过负荷时间等不同条件），柔直变压器的过负荷能力曲线（以表格形式）。

投标方提供设备的性能应满足或优于此项。

评标专家可查阅"投标产品的相关试验报告"或"其他的技术资料"为标题的专用章节。

（九）抗短路能力

制造厂应保证柔直变压器绕组和铁芯的机械强度和热稳定性。在无穷大电源条件下出口短路时，持续时间为 2s，变压器各部件不应有损伤，绕组和铁芯不应有不允许的变形和位移。短路后线圈温度应低于 250℃，并应能承受重合于短路故障上的冲击力。

投标方提供设备的性能应满足或优于此项。

评标专家可查阅"投标产品的相关试验报告"或"其他的技术资料"为标题的专用章节。

（十）谐波电流和损耗值

根据 GB/T 18494.2 标准计算谐波电流引起的附加损耗。

投标方提供设备的性能应满足或优于此项。

评标专家可查阅"投标产品的相关试验报告"或"其他的技术资料"为标题的专用章节。

（十一）柔直变压器运输中承受冲击的能力

柔直变压器应能承受 X、Y、Z 三个方向 3g 加速度的冲击不发生变形、移位，绕组不受损伤。运输时，应能承受相应的倾角要求。

投标方提供设备的性能应满足或优于此项。

评标专家可查阅"投标产品的相关试验报告"或"其他的技术资料"为标题的专用章节。

二、柔性直流联接变压器关键部件

（一）铁芯

应选用同一批次的优质、低损耗的冷轧晶粒取向硅钢片，（硅钢片厚度要求详见专用条款）。整个铁芯采用绑扎结构，在芯柱和铁轭上采用多阶斜搭接缝，铁芯装配时应用均匀的压力压紧整个铁芯，铁芯组件均衡严紧，不应由于运输和运行中的振动而松动。铁芯级间叠片应有适当的油道以利于冷却。

投标方提供设备的性能应满足或优于此项。

（二）绕组

（1）同台换流变压器的绕组应采用同一厂家导线绕制、同一线规的导线应采用同一批次产品。

（2）所有绕组均应采用漆包线。用于制造线圈的导线应采用优质铜材，表面光滑无毛刺，绝缘纸带质地均匀、包裹紧密、厚度合格、搭接到位；组合导线的子导线间绝缘应经过耐压试验。

（3）应在换流变压器制造过程中对换位导线的各股线间进行绝缘试验，以便尽早发现绝缘缺陷。

（4）绕组和引线应绑扎得足够牢固，以防止由于运输、振动和运行中短路时产生相对位移。

（5）绕组设计应使电流和温度沿绕组均匀分布，并使绕组在承受全波和截波冲击试验时得到最佳的电压分布。绕组应能承受短路、过载和过电压而不发生局部过热。

投标方提供设备的性能应满足或优于此项。

（三）冷却装置

（1）直流联接变压器应采用 ODAF 或 OFAF 冷却方式。

（2）油进入变压器油箱后在非导电材料表面的流速应不大于 0.5m/s。

（3）同一投标方供货的同类型的柔直变压器应采用型号一致的冷却器。

（4）冷却器风扇采用工频电机，不应采用变频调速技术的电机，投标方应提供工频电机的运行业绩证明和噪声试验报告。

（5）柔直变压器风冷控制箱中应能实现柔直变压器内部故障（即差动保护、重瓦斯动作及柔直变压器火灾时）全切油泵和风机的功能。

（6）投标方应提供满足直流控制系统解锁及投运所需的接口信号，应至少包括以下信号：变压器冷却系统就绪、变压器冷却系统 OK、变压器冷却器投入、变压器冷却系统退出、变压器冷却系统冗余可用（详细接口信号由设计联络会确定）。

（7）投标方应在投标时提出冷却器实现相关功能的控制逻辑及出口方式；控制逻辑及出口方式将在设计联络会时由招标方确认并应可根据招标方要求进行修改。

（8）柔直变压器应根据负荷和油温，制定安全和合理的冷却系统的控制策略，并在控制回路中予以实现。

（9）冷却系统的投切策略应采用分组投切方式，投标方应提供投切策略报告。

（10）对于强油循环的柔直变压器，在开启所有油泵后，整个冷却装置上不应出现负压。

（11）强油循环冷却系统的两个独立电源应定期进行切换试验，有关信号装置应齐全可靠。

（12）强油循环结构的潜油泵启动应逐台启用，延时间隔应在 30s 以上，以防止气体继电器误动。

（13）冷却器应通过导油管与油箱连接，冷却器风道不应与防火墙垂直。

（14）冷却器应采用低速、大直径、低噪声风扇，风扇电动机为三相感应式、直接启动、防溅型配置，电动机轴承应采用密封结构。

（15）油泵电机为三相感应式，对强油导向的柔直变压器油泵应选用转速不大于 1500r/min 的低速油泵，且不能因油泵扬程过大导致气体继电器误动作，潜油泵轴承应采用 E 级或 D 级标准，禁止使用无铭牌、无级别的轴承。

（16）柔直变压器冷却器宜具备就地手动强制启动功能，防止控制系统或回路异常导致冷却器全停。

（17）柔直变压器强迫油循环风冷变压器在设备选型阶段，除考虑满足容量要求外，应增加冷却器组冷却风扇通流能力的要求，以防止大型变压器在高温大负荷运行条件下，冷却器全投造成变压器内部油流过快，使变压器油与内部绝缘摩擦产生静电，油中带电发生变压器绝缘事故。

（18）冷却系统的工作电源应有三相电压监测，任一相故障失电时，应保证自动切换至备用电源供电。强油循环冷却系统的两个独立电源应能独立切换，潜油泵启动应逐台启用，延时间隔应在 30s 以上。

投标方提供设备的性能应满足或优于此项。

（四）柔直变压器套管

套管是变压器十分重要的组件，其技术参数应完全满足技术规范书专用部分的技术参数表，且做以下补充要求：

柔直变压器套管分为网侧套管和阀侧套管，除应满足套管通用要求外，还应满足各自的特定要求。

投标方提供设备的性能应满足或优于此项，其余部分投标专家可参考第三卷第二册柔直变压器技术规范通用部分。

（五）分接开关

分接开关技术参数应满足技术规范书专用部分的技术参数表，且做以下补充要求：

（1）投标方应提供有载分接开关配置原则及详细选型报告，提供有载分接开关恢复电压曲线和绝缘强度恢复曲线，保证规定的谐波电流下的开断能力并提供证明材料，提供型式试验报告。

（2）分接开关承受的短路电流应不小于所连接绕组过电流限值。在最严重工况短路电流下，触头不熔焊、烧伤、无机械变形，保证可继续运行。

（3）分接开关及其切换开关触头的维护和使用寿命应满足技术规范书专用部分的要求，投标方应提供有载调压装置的型式试验报告和电气寿命试验报告。

投标方提供设备的性能应满足或优于此项。

（六）温度测量

柔直变压器应装设 2 套独立绕组温度和 1 套油面温度测量装置，户外主变压器绕组温度表及油面温度表应加装防雨装置，油面温度测量点放于油箱长轴的两端；测温装置应有 2 对输出信号接点：低值→发信号，高值→跳闸；油温测量装置的报警和跳闸接点应具有防雨防潮措施，确保正常情况下不发生误动。

投标方提供设备的性能应满足或优于此项。

（七）套管电流互感器

套管电流互感器技术参数应满足"技术规范书专用部分"的技术参数表，且做以下补充要求：套管电流互感器二次引出线芯柱必须是一体浇注成形，导电杆直径不小于 8mm，并应有防转动措施。

投标方提供设备的性能应满足或优于此项。

（八）油箱

变压器油箱应采用高强度钢板焊接而成，油箱内部应根据需要合理布置磁屏蔽措施，以减小杂散损耗。

油箱顶部不采用圆弧顶结构，应在变压器合适位置设置 1～2 个人孔，便于进箱检查变压器全部部件；为攀登油箱顶盖，应设置一只带有护板可上锁的铝合金爬梯。

变压器除箱沿外，所用橡胶密封件应选用以丙烯酸酯或氟橡胶为主体材料的密封件，密封件寿命不低于 15 年。

投标方提供设备的性能应满足或优于此项。

（九）储油柜

储油柜应采用胶囊式或波纹式储油柜，储油柜应配有盘形油位计、压力式油位计或拉带式油位计；主变压器户外安装时储油柜油位计应配置不锈钢或其他耐腐蚀材质防雨罩，且不妨碍运行观察；油位计宜表示变压器未投入运行时，相当于油温为 -10、+20℃和+40℃三个油面标志。

投标方提供设备的性能应满足或优于此项。

（十）保护和监测

户外用气体继电器、温度计、油位指示装置、速动油压继电器等保护监测装置应配置不锈钢或其他耐腐蚀材质防雨罩，二次接点数量应满足变压器技术规范通用部分要求。开关机构箱、汇控箱等应配备带开关的可手动/自动切换的防潮加热器和温湿度控制器，柜门要有防风扣。气体继电器应采用浮筒（球）挡板式结构，不采用浮球式结构。压力释放阀应有专用释放管道，与油箱间应装设阀门，并具有明显的常开标识。

投标方提供设备的性能应满足或优于此项。

三、柔性直流联接变压器关键工艺

（一）设备安装使用说明书

厂家应提供对应变压器设备型号的安装使用说明书。安装使用说明书内容应包括运输及注意事项、验收与储存、装配、投入运行情况、分接开关使用说明、维护、储油柜安装说明等。

（二）设备维护检修手册

设备厂家应提供按规定模板编制的对应变压器设备型号的维护检修手册。设备在进行季、年度检修时应结合技术规范书与厂家维护检修手册进行作业。

（三）油箱加工

油箱内部金属件尖角棱边应全部加工、打磨为光滑圆角以改善接地电场。焊缝应无气孔、夹渣、裂纹、咬边等焊接缺陷，焊缝不允许有渗漏。油箱及附件环境腐蚀级别按照 C4（ISO 12944-2：2017《腐蚀环境分类》表 1）执行，油漆的耐久性应为 15 年以上。设备厂家应提供油箱油漆的质量检测报告、油箱整体试漏的试验报告。

（四）绝缘件加工

绝缘件加工车间温度保持 8～32℃，相对湿度≤70%，降尘量≤20mg/（m^2·日）；所有绝缘件边角需进行倒角处理，加工面应光洁无尖角毛刺；线圈撑条应采用机加工铣削方式制造，应在层压之后再加工成型；柔直变压器所使用的绝缘成型件应经过 X 光检测，确保无金属颗粒。

（五）铁芯加工

铁芯加工环境温度 8～32℃，湿度≤70%，降尘量≤30mg/（m^2·日）；硅钢片剪切毛刺控制在 0.02mm 以下；硅钢带剪切 S 弯在 0.2mm/2m 之内；铁芯叠装后应采用环氧玻璃丝带或聚酯带等材料进行绑扎，不得使用金属材料。

（六）线圈制造

线圈绕制环境温度 8～32℃，湿度≤70%，降尘量≤20mg/（m² · 日）；导线拉紧装置应控制在绕线过程中导线与金属件的接触，防止金属粉尘进入线圈。线圈幅向偏差≤3mm；线圈换位采用液压换位器或专用的换位工装，保证 S 弯的外形质量，无剪刀差，导线匝绝缘不得有损伤；线圈宜采用恒压干燥处理，恒压干燥的压力按照线圈的计算短路力控制，自粘换位导线应采用逐步加压的方式

（七）器身装配

环境温度 8～32℃，湿度≤70%，降尘量≤20mg/（m² · 日）；线圈压（套）装前应调整每个线圈（含上下绝缘）间的高度，保证互差不超过 3mm；线圈套装，应确保各线圈之间的紧实，套装过程中应带有摩擦力套装，缓慢地下落线圈期间，检查撑条是否保持铅垂直并无移位；引线冷压连接时采用工艺要求匹配的冷压工具及模具，应采用带窥视孔的线耳或接管，压接线应剪齐后再进行压接；引线装配应有减小调压引线对调压开关造成损坏的措施，引线接头应进行均匀电场处理。

（八）总装配

温湿度要求：8～32℃，湿度≤70%，降尘量≤20mg/（m² · 日）；检查器身在油箱中定位准确，引线对线圈，引线对引线，引线对箱壁的距离符合要求。

对采用有载分接开关的柔直变压器油箱应同时按要求抽真空，但应注意抽真空前应用连通管接通本体与开关油室变压器器身暴露在空气中的时间：相对湿度不大于65%为16h，相对湿度不大于75%为12h。

第三节　直 流 换 流 阀

一、直流换流阀关键性能指标

（一）使用寿命

与冷却水接触的各种材料表面的腐蚀和老化必须减至最小，晶闸管换流

阀的设计寿命不低于 40 年。

投标方提供设备的性能应满足或优于此项。

评标专家可查阅"投标产品的相关试验报告"或"其他的技术资料"为标题的专用章节。

（二）噪声要求

换流阀应采用低噪声元件，以降低阀在运行时的噪声水平。

阀冷却空冷器作为面声源，声功率不得超过 90dB（A）。

投标方提供设备的性能应满足或优于此项。

评标专家可查阅"投标产品的相关试验报告"或"其他的技术资料"为标题的专用章节。

（三）电磁兼容要求

投标方需要进行抗电磁干扰设计，设计中应充分考虑阀厅内干扰源对阀体运行及其控制系统的电磁干扰影响，并提交电磁兼容设计报告。

投标方提供设备的性能应满足或优于此项。

评标专家可查阅"投标产品的相关试验报告"或"其他的技术资料"为标题的专用章节。

（四）耐受电压检验

检查晶闸管级能否耐受对应于全阀所规定的最大过电压的电压水平，试验时应进行局部放电强度测量以检验晶闸管级的装配是否正确，绝缘是否完整。

投标人提供设备的性能应满足此项。

评标专家可查阅"技术规范书专用部分"标准技术参数表章节。

（五）防火要求

晶闸管阀在设计、制造、安装上应能消除任何原因导致的火灾以及火灾蔓延的可能性。阀内的非金属材料应是阻燃的，并具有自熄灭性能，根据保险商试验所 Under－writers 实验室对材料的 UL94 可燃性试验判据，垂直件的材料应符合 UL94V－0 材料标准,水平件的材料应符合 UL94 HB 材料标准。所有的塑料中应添加足够分量的阻燃剂，如三氢化铝（ATH），但不应降低材料的其他必备的物理特性，如机械强度和电气绝缘特性。不允许采用卤化溴作为填充物。

投标方提供设备的性能应满足或优于此项。

评标专家可查阅"投标产品的相关试验报告"或"其他的技术资料"为标题的专用章节。

（六）雷电冲击耐压试验

试验电压峰值：由绝缘配合确定的阀支撑结构的雷电冲击耐压水平的保证值确定试验电压波形：1.2/50μs。

最少冲击次数：每种极性 5 次。

试验中，应设置阀外杂散电容，以便模拟它们对受试阀支撑结构的电压分布所产生的最不利的影响。

投标方提供设备的性能应满足或优于此项。

评标专家可查阅"投标产品的相关试验报告"或"其他的技术资料"为标题的专用章节。

（七）陡波前冲击耐压试验

试验电压峰值：由绝缘配合确定的阀支撑结构的陡波前冲击波耐压水平的保证值确定试验电压波形，波头陡度不小于 1200kV/μs，由绝缘配合确定。

最少冲击次数：每种极性 5 次。

投标方提供设备的性能应满足或优于此项。

评标专家可查阅"投标产品的相关试验报告"或"其他的技术资料"为标题的专用章节。

（八）湿态操作冲击波电压耐受试验

操作冲击波电压耐受试验应在阀结构顶部的一个组件发生冷却液体泄漏的情况下重复进行。泄漏量至少应为 15L/h，在施加冲击波试验电压时和在此之前至少 1h 内泄漏量应保持恒定，液体的电导率应比引发电导率报警定值高 5%。

投标方提供设备的性能应满足或优于此项。

评标专家可查阅"投标产品的相关试验报告"或"其他的技术资料"为

标题的专用章节。

（九）负载试验

试验应该在 1.05 倍的最大连续运行电流水平和 1.1 倍额定电压下进行。在冷却管出口的冷却介质温度稳定在过负荷运行的最高温度后，应对下述条件进行各项试验。

（1）30min 正常触发角和最大连续过负荷电流试验。

（2）30min 最大连续电流试验，触发角为直流降压到正常电压的 70% 或 80% 运行时的触发角。在这种情况下，所加电压应为与实际装置在这种运行情况下的电压的 1.1 倍。

投标方提供设备的性能应满足或优于此项。

评标专家可查阅"投标产品的相关试验报告"或"其他的技术资料"为标题的专用章节。

（十）保护要求

每个晶闸管应带有保护触发，当施加正向电压超过允许的水平，保护触发将晶闸管触发导通，以避免晶闸管元件损坏。设计中应允许晶闸管级保护触发连续动作。在最大甩负荷工频过电压，例如交流系统故障后的甩负荷工频过电压下，阀的保护触发不能因逆变换相暂态过冲而动作，且不能影响此后直流系统的恢复。此外，在正常控制过程中的触发角快速变化不应引起保护触发动作。

投标方提供设备的性能应满足或优于此项。

评标专家可查阅"投标产品的相关试验报告"或"其他的技术资料"为标题的专用章节。

（十一）其他试验

元器件晶闸管出厂试验要求：投标方应提供换流阀每一只晶闸管出厂试验的具体数值，至少包括 IT（AV）、VTM、VDRM/IDRM、VRRM/IRRM、VDSM/IDSM、VRSM/IRSM、Q_{rr}、t_q、di/dt、dv/dt、t_d、ITSM、门极驱动参数。试验项目及测试方法应符合 GB/T 12591—2015、GB/T 20992—2007、GB/T 21420—2008 的要求。

阀组件晶闸管例行试验要求：晶闸管耐受电压及泄漏电流测试：在完成阀组件装配后对所有晶闸管（不含其他并联支路）逐一开展正反向耐受电压及泄漏电流测试，试验电压分别按 VDRM、VRRM，并提供泄漏电流合格范围判据。

投标方提供设备的性能应满足或优于此项。

评标专家可查阅"投标产品的相关试验报告"或"其他的技术资料"为标题的专用章节。

二、直流换流阀关键部件

（一）可控硅元件

控制极的触发电流、响应时间和额定电流为重要参数。可控硅元件结构示意图如图 3-1 所示。

投标人提供设备的性能应满足此项。

评标专家可查阅"投标产品的相关试验报告"为标题的专用章节。

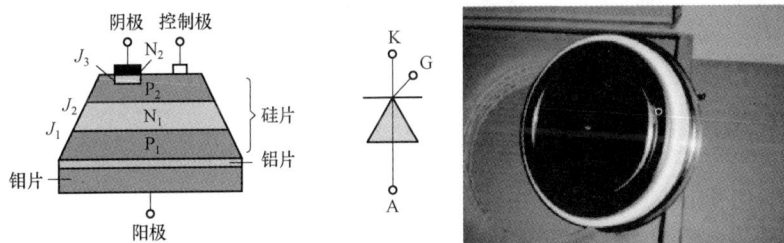

图 3-1　可控硅元件结构示意图

（二）可控硅级

包括 4 个部分，可控硅元件、分压回路，阻尼回路，可控硅控制单元 TCU。可控硅级实物图如图 3-2 所示。

投标人提供设备的性能应满足此项。

评标专家可查阅"投标产品的相关试验报告"为标题的专用章节。

（三）可控硅组件

可控硅组件结构如图 3-3 所示。

图 3-2　可控硅级实物图

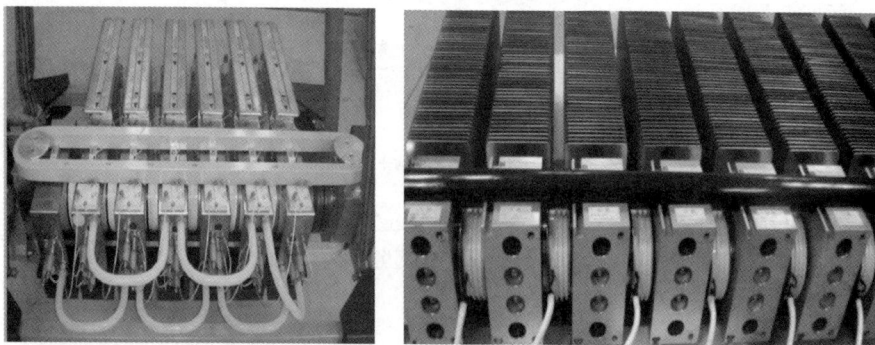

图 3-3　可控硅组件示意图

（四）阳极电抗器

阳极电抗器结构如图 3-4 所示。

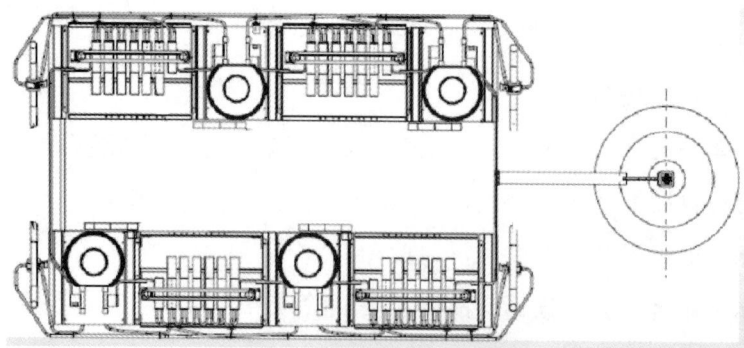

图 3-4　阳极电抗器结构示意图

三、直流换流阀结构示意

（一）设备安装使用说明书

投标人应提供对应应标换流阀设备型号的安装使用说明书。

（二）设备维护检修手册

投标人应提供按规定模板编制的对应应标换流阀设备型号的维护检修手册。

（三）阀结构

每个脉动桥包括 3 个 200kV 直流电压的双重阀塔每个双重阀由 2 个单阀组成（以 800kV 换流阀为例）。800kV 换流站/极换流阀布局示意图如图 3－5 所示，换流阀模块设计示意图如图 3－6 所示，600～800kV 6 脉动桥阀塔设计图如图 3－7 所示，晶闸管组件电气示意图如图 3－8 所示，晶闸管控制与监测系统示意图如图 3－9 所示，避雷器配置图如图 3－10 所示。禄劝换流站断—地保护水平和耐受电压见表 3－1。

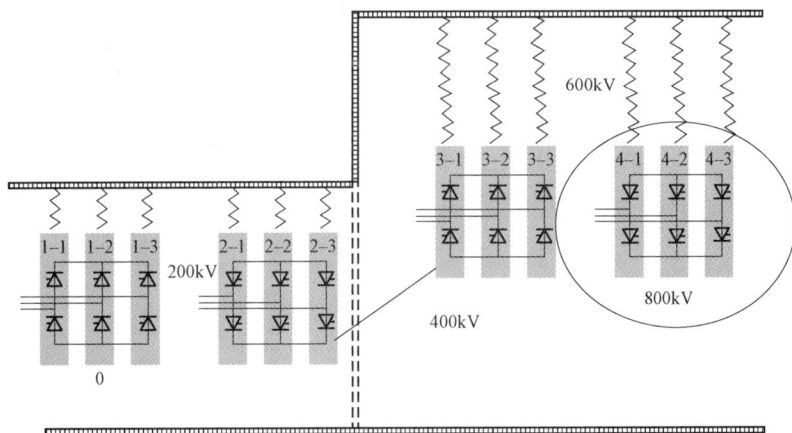

图 3－5　800kV 换流站/极换流阀布局示意图

⇨ 每个单阀由2个晶闸管组件组成

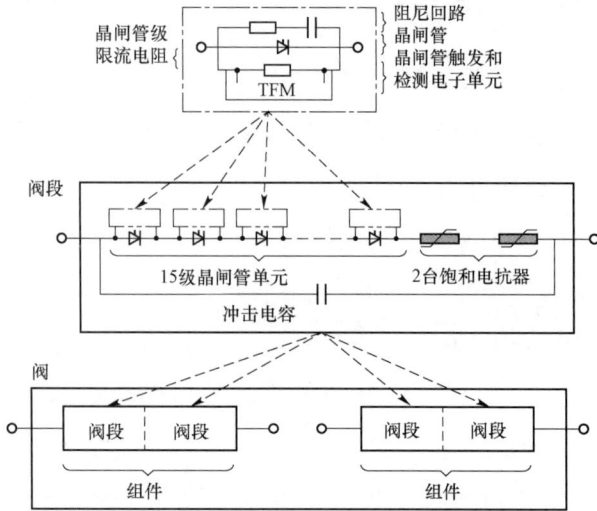

图 3-6　换流阀模块设计示意图

⇨ 每个阀塔包含4个组件

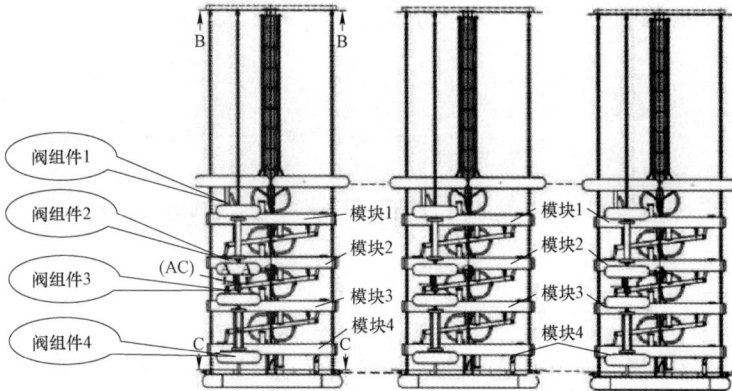

图 3-7　600~800kV 6 脉动桥阀塔设计图

⇨ 每个阀组件有2个阀段组成

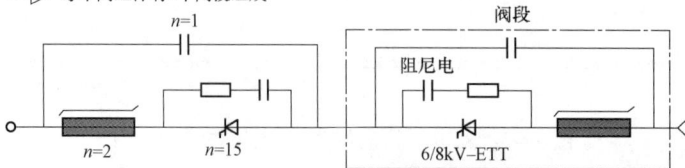

图 3-8　晶闸管组件电气示意图

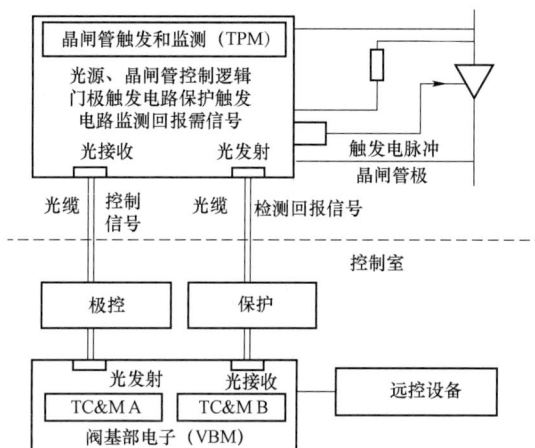

图 3-9 晶闸管控制与监测系统示意图

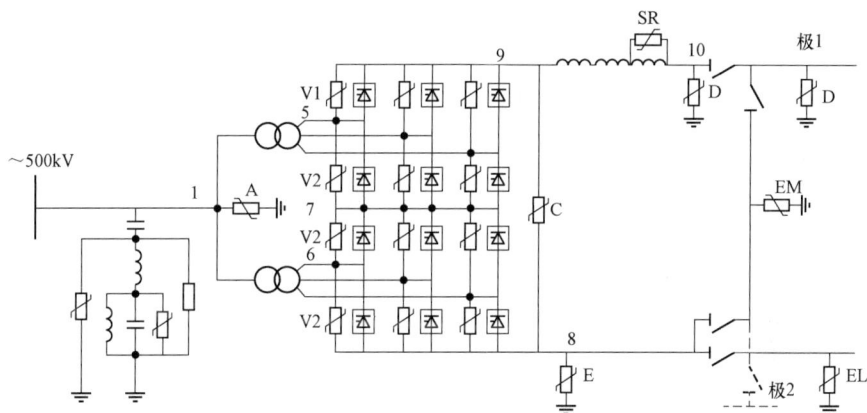

图 3-10 避雷器配置图

表 3-1 禄劝换流站断—地保护水平和耐受电压

位置	1	5	6	7	8	9	10
C COV（kV）	318rms	571peak	306peak	306peak	75dc	571peak	515dc
保护避雷器	A	A'/$\sqrt{3}$ 或 C+E	V 2+ECCO V	V2+ECCO V	E	A'/$\sqrt{3}$ 或 C+E	D
LIP L（kV）	906	—	—	—	135	—	1023
LI WV（kV）	1550	1550（a）	1050（b）	1050	200（c）	1425（d）	1425（d）
裕度（%）	71	—	—	—	48	—	39
SIP L（kV）	780	1035	581	581	115	1035	881
SI WV（kV）	1175	1300	850	850	150	1300	1175
裕度（%）	51	25	46	46	30	25	33

注 以禄劝换流站为例。

第四节　500kV平波电抗器

一、平波电抗器关键性能指标

（一）电感测量

采用高频阻抗测试仪测量100～2500Hz各次谐波下的电感值，测试结果对出厂试验测量值的偏差范围应不超过±3%。

投标方提供设备的性能应满足或优于此项。

评标专家可查阅"投标产品的相关试验报告"或"其他的技术资料"为标题的专用章节。

（二）过负荷能力

平波电抗器温升试验按照40℃温度下的1.15p.u.的过负荷能力来考核，同时应满足相关标准要求。除表中的户外40℃环温下的过负荷能力要求外，厂家应给出不同环温下的过负荷能力曲线（包含环温25℃下的过负荷能力，且该环温下不能小于2h1.25p.u.过负荷能力）。系统过负荷能力要求如表3−2所示。

投标方提供设备的性能应满足或优于此项。

评标专家可查阅"投标产品的相关试验报告"或"其他的技术资料"为标题的专用章节。

表3−2　　　　　　　　　　系统过负荷能力要求

序号	持续时间	户外平均环温下（40℃）过负荷能力（p.u.）
1	长期	1.1 3600MW/3630A
2	2h	1.15 3450MW/3474A
3	3s	1.4 4200MW/4260A

注　以禄劝换流站平波电抗器技术规范参数为例。

（三）平波电抗器电流频谱

平波电抗器电流频谱示例（以禄劝换流站平波电抗器技术规范参数为例）如表3-3所示。

（1）表中数据以招标方最终要求为准。

（2）投标方应针对本工程平波电抗器谐波电流下线圈及金属结构件过热抑制问题，开展专题分析并提供相应报告，阐明所投标产品在设计和试验验证方面与以往同类产品的异同。

投标方提供设备的性能应满足或优于此项。

评标专家可查阅"投标产品的相关试验报告"或"其他的技术资料"为标题的专用章节。

表3-3　　　　　　　　　　　平波电抗器电流频谱

谐波次数 n	用于噪声计算的谐波电流 A_{rms}	平波电抗器谐波电流 A_{rms}（输送功率 0.1p.u.~1.15p.u.）	平波电抗器谐波电流 A_{rms}（输送功率 0.1p.u.~1.25p.u.）
1	5.72	5.72	5.72
2	61.27	66.74	70.39
3	14.79	23.77	29.75
4	8.06	8.81	9.31
5	1.32	1.68	1.92
6	14.63	14.94	15.14
7	5.55	6.00	6.30
8	1.89	3.14	3.98
9	1.44	1.64	1.78
10	1.65	1.65	1.65
11	0.83	0.88	0.91
12	19.83	26.53	31.00
13	0.70	0.77	0.82
14	0.57	0.57	0.57
15	0.86	0.88	0.90
16	0.57	0.59	0.60
17	2.23	2.23	2.23
18	0.24	0.25	0.25
19	1.51	1.52	1.52
20	0.45	0.46	0.46

续表

谐波次数 n	用于噪声计算的谐波电流 A_{rms}	平波电抗器谐波电流 A_{rms}（输送功率 0.1p.u.～1.15p.u.）	平波电抗器谐波电流 A_{rms}（输送功率 0.1p.u.～1.25p.u.）
21	0.97	0.97	0.97
22	0.26	0.26	0.26
23	0.41	0.41	0.41
24	5.55	6.17	6.58
25	0.40	0.41	0.42
26	0.20	0.20	0.20
27	0.38	0.39	0.39
28	0.13	0.14	0.14
29	1.21	1.21	1.21
30	0.35	0.36	0.36
31	1.09	1.10	1.10
32	0.22	0.23	0.23
33	0.56	0.56	0.56
34	0.17	0.17	0.17
35	0.28	0.29	0.29
36	2.25	2.50	2.67
37	0.29	0.30	0.30
38	0.14	0.15	0.15
39	0.42	0.42	0.42
40	0.12	0.12	0.12
41	0.78	0.81	0.83
42	0.13	0.13	0.13
43	0.74	0.75	0.76
44	0.13	0.14	0.14
45	0.65	0.67	0.68
46	0.29	0.30	0.30
47	0.20	0.20	0.20
48	1.28	1.36	1.42
49	0.25	0.26	0.26
50	0.13	0.13	0.13

注　以禄劝换流站平波电抗器技术规范参数为例。

（四）环境条件

投标方应对所提供的设备等相关性能参数在工程实际外部条件下进行校验、核对，使所供设备满足实际外部条件要求及全工况运行要求。

投标方提供设备的性能应满足或优于此项。

评标专家可查阅"投标产品的相关试验报告"或"其他的技术资料"为标题的专用章节。

（五）设备爬距

投标方应满足技术规范书的要求，并提供支柱绝缘子相应的技术参数和详细的电气及机械性能试验报告。

投标方提供设备的性能应满足或优于此项。

评标专家可查阅"投标产品的相关试验报告"或"其他的技术资料"为标题的专用章节。

（六）电抗器温升限值

投标方应根据设备使用条件按照相关标准进行温升修正。电抗器金属结构件及端子温升还应满足 GB 25092 第 11 节、IEEE 1277 第 10 节相关条款其他要求。

投标方提供设备的性能应满足或优于此项。

评标专家可查阅"投标产品的相关试验报告"或"其他的技术资料"为标题的专用章节。

（七）噪声水平

电抗器的声功率级噪声水平应满足在谐波电流下不大于 89dB（A），同时厂家需提供详细的噪声计算报告，报告除考虑单台平抗的噪声外，还应考虑在三台串联后噪声的相互的影响。对于隔声罩可独立拆卸的电抗器，投标方应对平波电抗器带隔声罩和不带隔声罩分别开展噪声测量，并对隔声罩的隔声性能进行测试，合成为带有隔声罩的电抗器噪声声功率级。声功率级噪声不大于 89dB（A）。测量方案应提交招标方评估，测量时招标方派人现场见证。测量时应同时记录平波电抗器的噪声频谱。投标方应在考虑设备噪声频谱特性基础上，采用降噪措施以降低对周围环境的影响。

投标方提供设备的性能应满足或优于此项。

评标专家可查阅"投标产品的相关试验报告"或"其他的技术资料"为标题的专用章节。

（八）端对端雷电截波冲击试验

在 50%试验电压下，调整试验电压波形，同时记录被试端电压和示伤电流波形。测试结果应与减低幅值的冲击试验相比，100%电压下的电流、电压波形应稳定不变，试品内部无烟雾、异常声响出现，试品绝缘表面无沿面闪络。

投标方提供设备的性能应满足或优于此项。

评标专家可查阅"投标产品的相关试验报告"或"其他的技术资料"为标题的专用章节。

（九）直流电阻测量

用直流电阻测试仪（精度不低于0.1%）测量线圈的直流电阻，测量电流50A，直流电阻测量值换算至80℃，绝缘试验前后，直流电阻测量值偏差不大于2%。但直流电阻和直流损耗的判定以第一次测量数据为准，额定直流电流下电阻损耗+额定直流电流对应各次谐波电流总损耗应不大于规定值。

投标方提供设备的性能应满足或优于此项。

评标专家可查阅"投标产品的相关试验报告"或"其他的技术资料"为标题的专用章节。

二、平波电抗器关键部件

（一）绕组

本体平抗的本体主要由：铁芯、绕组、绝缘材料、引线等构成。同一电压等级的绕组采用同一厂家、同一批次的导线绕制；绕组设计应使其在承受全波和截波冲击试验时得到最佳的电位分布，应对绕组漏磁通进行控制，防止发生局部过热。

投标人提供设备的性能应满足此项。

评标专家可查阅投标文件中电抗器图纸等说明文件。

（二）油式平波电抗器套管

套管平抗套管将内部高、低压引线引到油箱外部，不但作为引线对地绝缘，而且担负着固定引线的作用。平波电抗器使用的套管型号较多，通常可分为：充油式套管、干式套管、油气式套管。

（三）均压环

平波电抗器均压环技术参数应满足技术规范书专用部分的技术参数表。

投标方提供设备的性能应满足或优于此项。

评标专家可查阅"技术规范书专用部分"标准技术参数表章节。

（四）辅助装置

辅助装置技术参数应满足技术规范书专用部分的技术参数表。

投标方提供设备的性能应满足或优于此项。

评标专家可查阅"投标产品的相关试验报告"为标题的专用章节。

三、平波电抗器的类型

（一）油式平波电抗器

油浸式平波电抗器具有的主要优点：

（1）油浸式平波电抗器由于有铁芯，因此要增加单台电感量很容易；

（2）油浸式平波电抗器的油纸绝缘系统很成熟，运行也很可靠；

（3）油浸式平波电抗器安装在地面，因此重心低，抗震性能好；

（4）油浸式平波电抗器采用干式套管穿入阀厅，取代了水平穿墙套管，解决了水平穿墙套管的不均匀湿闪问题。

（二）干式平波电抗器

干式平波电抗器的优点：

（1）对地绝缘简单；

（2）无油并消除火灾危险和环境影响；

（3）潮流反转时无临界介质场强；

（4）负荷电流与磁链成线性关系；

（5）暂态过电压较低；

（6）可听噪声低；

（7）质量轻，易于运输、处理；

（8）运行、维护费用低。

（三）干、油式平波电抗器经济性对比

双极系统两种平波电抗器方案的原则性技术经济比较见表3-4。

表3-4　　　双极系统两种平波电抗器方案的原则性技术经济比较

名称	干式平波电抗器	油浸式平波电抗器
全站需用总数（台） （工作量+备用量）	5（4+1）	3（2+1）
主绝缘型式	由支持绝缘子提供、简单	由油纸复合绝缘系统提供，复杂
制造水平	成熟	成熟
供应厂商	目前国际上仅有 Haicfely-Trench 等少数公司生产	国际上各主要的直流输电设备供货商均能生产
制造能力	可供 100mH/台	可供 200mH/台或更大
运行经验	较成熟	成熟
运行费用	较低	较高
抗震能力	较差	较好
过负荷能力	提高较困难	提高较容易
总占地面积	较多	较少
本体造价	两者本体造价的总量之比：平式/油浸=0.935/10	
综合造价	基本持平	

第五节　直流控制和保护系统

一、直流控制和保护系统关键性能指标

（一）换流站 SCADA 系统

换流站 SCADA 系统应是集换流站测量、监视报警、控制和管理功能为一体的系统，即它必须能实现：实时在线监测；实时数据采集、处理及输出；实时控制及远动；实时联锁控制。

投标方提供设备的性能应满足或优于此项的相关试验报告或"其他的技术资料"为标题的专用章节。

（二）信号测量

测量应保证在任何工况下都具有足够的精度。从传感器输入到图像显示单元，以及数据采集系统各通道的误差，累计不应超过满量程的±0.2%。

其采样速率和输入/输出数据的速率应满足实时控制保护和监测的要求。

投标方提供设备的性能应满足或优于此项。

评标专家可查阅"投标产品的相关试验报告"为标题的专用章节。

（三）就地控制/监视

系统和设备的就地监控系统至少应包括但不限于：传感器；输入/输出单元；遥控、就地控制和联锁控制执行单元及开关，以及就地控制的手动输入；自检、显示，以及复归等自动化设备；系统同期设备。

投标人提供设备的性能应满足此项。

评标专家可查阅"投标产品的相关试验报告"为标题的专用章节。

（四）站主时钟系统

各换流站中都应设双重化的主时钟系统，其时间精度不应劣于 0.5μs。

投标人提供设备的性能应满足此项。

评标专家可查阅"投标产品的相关试验报告"为标题的专用章节。

（五）可扩展性

投标方设计和供货的运行人员控制和换流站监视系统应采用通用电子元器件、软件和兼容技术。即在保证其可靠性和先进性的同时，还应保证该系统在 HVDC 系统的正常使用期内，招标方能及时从市场得到元器件的补充，或进行系统的扩展、改造和升级。

投标人提供设备的性能应满足此项。

评标专家可查阅"投标产品的相关试验报告"为标题的专用章节。

（六）可靠性、安全性和可维护性

投标方应对所供货的保护系统的可靠性进行计算分析，提出其可靠性指标，同时提出要满足 HVDC 系统连续运行不低于 20 年（在运行期内允许对设备的部分元器件、模块进行更新或更换而不影响到控制保护设备的功能和可靠性）要求二次系统所具备的性能和可靠性措施。

投标方提供设备的性能应满足或优于此项。

评标专家可查阅"投标产品的相关试验报告"为标题的专用章节。

二、直流控制和保护系统关键部件

（一）系统服务器

17in 液晶显示器；八核处理器，主频大于 2GB，16GB 内存，3T 硬盘（企业级），双网卡，组屏安装，操作系统为 Linux 系统或 Unix 系统。

投标人提供设备的性能应满足此项。

评标专家可查阅"委托测试情况汇总表"及"投标产品的相关试验报告"为标题的专用章节。

（二）运行人员工作站

24in 液晶显示器；四核处理器，16GB 内存，3T 硬盘（企业级），双网卡，操作系统为 Linux 系统或 Unix 系统投标人提供设备的性能应满足此项。

投标人提供设备的性能应满足此项。

评标专家可查阅"委托测试情况汇总表"及"投标产品的相关试验报告"为标题的专用章节。

（三）站内交、直流系统报警及事件顺序监视终端

24in 液晶显示器；四核处理器，16GB 内存，3T 硬盘（企业级），双网卡，操作系统为 Linux 系统或 Unix 系统。

投标人提供设备的性能应满足此项。

评标专家可查阅"委托测试情况汇总表"及"投标产品的相关试验报告"为标题的专用章节。

（四）保护信息管理子站系统后台

工作站要求：24in 液晶显示器；四核处理器，16GB 内存，3T 硬盘（企业级），双网卡。满足接入站内所有交直流保护、故障录波及故障定位系统数据。应配置双重化主机，在主控室设置一台工作站。操作系统为 Linux 系

统或 Unix 系统。

投标人提供设备的性能应满足此项。

评标专家可查阅"委托测试情况汇总表"及"投标产品的相关试验报告"为标题的专用章节。

（五）远动工作站

8 个 100M 以太网口，12 个串口，操作系统为 Linux 系统或 Unix 系统。

投标人提供设备的性能应满足此项。

评标专家可查阅"委托测试情况汇总表"及"投标产品的相关试验报告"为标题的专用章节。

（六）线缆及光缆

满足工程实际需求，应含控制保护系统内部设备之间以及与外部设备的连接总线、同轴电缆、光缆、计算机网络电缆、通信电缆、预制电缆。

投标人提供设备的性能应满足此项。

评标专家可查阅"委托测试情况汇总表"及"投标产品的相关试验报告"为标题的专用章节。

（七）直流极保护

含三取二配置的直流保护（包括非电量保护）及相关的连接线缆、光缆、接口等，按极配置。

投标人提供设备的性能应满足此项。

评标专家可查阅"委托测试情况汇总表"及"投标产品的相关试验报告"为标题的专用章节。

（八）直流线路及汇流母线保护

含三取二配置的直流保护及相关的连接线缆、光缆、接口等，汇流母线保护仅高坡站配置。

投标人提供设备的性能应满足此项。

评标专家可查阅"委托测试情况汇总表"及"投标产品的相关试验报告"为标题的专用章节。

（九）直流远动系统

投标方根据直流控制保护的特点提出其直流远动系统的系统结构及功能、硬件配置方案。按极双重化配置。

投标人提供设备的性能应满足此项。

评标专家可查阅"委托测试情况汇总表"及"投标产品的相关试验报告"为标题的专用章节。

（十）交直流故障录波系统

含全站的所有录波装置，交直流故障录波单独配置，其中直流故障录波按极配置，主机双套配置，交流滤波器故障录波单套配置，按一个大组配置一面屏。故障录录波系统还应具备读取换流阀级故障录波系统数据的能力。3T 硬盘（企业级）。装置及屏柜数量满足工程要求。在主控室及辅控楼各设置一台工作站，各继电室分别就地配置一台工作站。各继电器室就地工作站进行磁盘冗余配置，使用 Raid1 方式。2 块磁盘互备，1 块热备。操作系统为 Linux 系统或 Unix 系统。

投标人提供设备的性能应满足此项。

评标专家可查阅"委托测试情况汇总表"及"投标产品的相关试验报告"为标题的专用章节。

（十一）直流线路故障定位系统

换流站出线的正负极均配置冲击电容，但二次侧的硬件设备合二为一，软件算法同时实现两段线路的故障定位。操作系统为 Linux 系统或 Unix 系统。

投标人提供设备的性能应满足此项。

评标专家可查阅"委托测试情况汇总表"及"投标产品的相关试验报告"为标题的专用章节。

（十二）时钟同步对时系统

每套时钟同步系统含：双重化的主机屏和主时钟源，对时扩展屏及相关的连接线缆、光缆等。

投标人提供设备的性能应满足此项。

评标专家可查阅"委托测试情况汇总表"及"投标产品的相关试验报告"为标题的专用章节。

（十三）控制台、紧急停机按钮、阀厅和室外温度探头等

含主控室和培训室各 1 套，控制台形式、规格在详细设计阶段由招标方确定。紧急停机按钮每极配置 1 个；阀厅和室外温度探头各配置 3 个，室外温度传感器应配置防护罩。换流站环境温度传感器安装在换流变防火墙外侧，温度传感器测量范围为 −20～+60℃，测量精度 0.2℃。

投标人提供设备的性能应满足此项。

评标专家可查阅"委托测试情况汇总表"及"投标产品的相关试验报告"为标题的专用章节。

（十四）汇控柜、端子箱

室外环境及电缆沟环境变化不应造成端子箱凝霜；外壳采用 304 不锈钢，厚度不小于 2.0mm，表面拉丝抛光处理，防护等级不低于 IP56。

投标人提供设备的性能应满足此项。

评标专家可查阅"委托测试情况汇总表"及"投标产品的相关试验报告"为标题的专用章节。

（十五）交直流谐波监视系统

各站单独按主机双重化冗余配置，后台工作站要求：24in 液晶显示器；四核处理器，16GB 内存，3T 硬盘（企业级），双网卡。对监视点的谐波进行 2～50 次谐波的实时测量和分析并具备远传功能。在主控室应配置谐波监视后台，可设置告警阈值，告警发至工作站（运行监视）。

投标人提供设备的性能应满足此项。

评标专家可查阅"委托测试情况汇总表"及"投标产品的相关试验报告"为标题的专用章节。

（十六）直流控制保护系统标准板卡检测装置

应覆盖控制保护系统所需的所有类型板卡。可实现交直流站控、极控、直流极保护、线路保护、直流滤波器保护等直流控制保护系统中所有板卡、合并单元、测量板卡故障、异常的检测，并定位故障模块位置。检测装置需

配置所有可检范围的标准板卡构成一套完善的标准测试系统，检测装置可独立实现检测功能，无需另外配置板卡或信号源等额外设备。

投标人提供设备的性能应满足此项。

评标专家可查阅"委托测试情况汇总表"及"投标产品的相关试验报告"为标题的专用章节。

三、直流控制和保护系统关键工艺

（一）柜体

（1）柜内所安装的元器件应有型式试验报告和合格证。装置结构模式由插件组成插箱或屏柜。插件、插箱的外形尺寸应符合 GB 3046.1 的规定。

（2）屏柜下方应设置专用的不与柜体绝缘的接地铜排母线，其截面积不得小于 $100mm^2$（推荐使用 40mm×3mm），屏间铜排应方便首尾互连。

（3）柜体防护等级 IP30 级，选用高强度钢组合结构，并充分考虑散热的要求。用于安装有风扇设备的柜体必须采用前后网门结构，网孔的大小、位置应满足设备散热量的要求。

（4）所有端子的额定值为 1000V、10A，压接型阻燃端子。

（5）前后开门柜体结构尺寸为 2260mm×800mm×600mm，前开门旋转式柜体结构 2260mm×800mm×800mm，端子接线位于后门。

（6）屏内的顶板上不宜装设照明灯，如装有交流 220V、20W 的白炽灯，应经专用交流空气开关手动控制，禁止采用门控开关控制。

（7）主机服务器组屏安装，屏前、后门及屏顶端应有足够的通风孔，屏内具有良好通风散热性；其他屏柜也应考虑散热功能是否良好。2 台监控主机/操作员站及 1 台五防工作站合组一面屏。

（二）电子回路

（1）为了预防外部和/或内部的过电压引起误动作，在电子电路中应该使用金属护套带屏蔽层的电缆或绞合电缆。

（2）电子电路和电气回路之间在路径上应该保持合理的间隙。

（3）电子电路的外部连接应该用连接器进行。

（4）应该用电线槽进行布线，如果采用其他的布线系统则应由招标方审批这种布线系统。

（5）为了防止误动作和/或拒动，在屏内应该有消除过电压发生的电路，交流回路和直流回路都应该有预防外部过电压和电磁干扰或接地的措施。

（6）每块印刷电路板应该整个涂上漆以防潮气和灰尘侵入。

（三）防雷与接地

（1）控制室远动屏至通信屏的语音线或 RS232 等信号线，应在远动屏侧安装标称放电电流不小于 2kA（8/20μs）的相应信号 SPD。

（2）变电站计算机监控系统与其他系统的通信线（如 RS232、RS485 等）应在两端安装标称放电电流不小于 2kA（8/20μs）的相应信号 SPD。

（3）变电站二次系统应采用共用接地方式，接地电阻满足 $R \leqslant 2000/I$。

（4）二次系统的所有屏柜内应设置专用的接地铜排，其截面不得小于 100mm^2（推荐使用 $40\text{mm} \times 3\text{mm}$），且屏内的接地铜排应就近用不小于 100mm^2 铜导线接到二次接地铜排上。各种 SPD 的接地线就近引接至屏内的接地铜排。

（5）所有屏柜内设备的金属外壳应可靠接地，屏（柜）的门等活动部分应与屏（柜）体良好连接。

第四章

交 流 主 设 备

第一节 交 流 变 压 器

一、交流变压器关键性能指标

（一）使用寿命

交流变压器本体寿命不少于 40 年，除干燥剂外至少 6 年内免维护。

投标方提供设备的性能应满足或优于此项。

评标专家可查阅"投标产品的相关试验报告"或"其他的技术资料"为标题的专用章节。

（二）绝缘水平

绝缘水平包括雷电全波冲击电压、雷电截波冲击电压、操作冲击电压和短时工频耐受电压，试验参数应满足技术规范书要求，且与"标准技术特性参数表"中投标人响应值一致。

投标方提供设备的性能应满足此项。

评标专家可查阅"投标产品的相关试验报告"为标题的专用章节。

（三）温升限值

投标方应提供线圈最热点位置及最热点温升数据，并应提供最热点温升的直测试验报告或者仿真计算报告，温升限值应满足"标准技术特性参数表"的要求。

投标人提供设备的性能应满足此项。

评标专家可查阅"技术规范书专用部分"标准技术参数表章节。

（四）损耗要求

通过实测，交流变压器的空载损耗和负载损耗（包括额定分接和极限分接位置）均不应超过专用条款表所规定的数值和投标方响应值。

投标人提供设备的性能应满足此项。

评标专家可查阅"技术规范书专用部分"标准技术参数表章节。

（五）短路阻抗

通过实测，交流变压器的短路阻抗和各分接偏差（包括额定分接和极限分接位置）均不应超过专用条款表所规定的数值和投标方响应值。

投标人提供设备的性能应满足此项。

评标专家可查阅"技术规范书专用部分"标准技术参数表章节。

（六）局部放电

局部放电试验测试电压为 $1.5U_\mathrm{m}/\sqrt{3}$ 时，66kV 及以上电压绕组不大于 100pC，66kV 以下电压绕组不大于 300pC。

投标方提供设备的性能应满足或优于此项。

评标专家可查阅"技术规范书专用部分"标准技术参数表章节。

（七）抗短路能力

投标方应提供变压器承受短路能力计算书；500kV 变压器宜提供短路承受能力试验报告，220kV 及以下电压等级变压器应提供国家权威检测机构出具的短路承受能力试验报告。各厂在投标时应提供投标变压器与通过突发短路能力变压器在变压器承受短路能力工艺和材料等的差异。计算报告中应按照国标 GB/T 1094.5 "条款"要求提供各项设计裕度值（名词解释详见 GB/T 1094.5 附录 A）。对于多绕组变压器和自耦变压器，应按照 GB/T 13499 规定的全部工况提供承受短路能力计算报告。制造厂应配合用户开展变压器抗短路能力校核，并提供用户校核所需的技术参数。

投标方提供设备的性能应满足或优于此项。

评标专家可查阅"投标产品的型式试验报告"为标题的专用章节。

评标专家可查阅技术投标文件。

（八）噪声

通过实测，变压器声级水平均不应超过专用条款表所规定的数值和投标方响应值。

投标方提供设备的性能应满足或优于此项。

评标专家可查阅"技术规范书专用部分"标准技术参数表章节。

（九）抗直流偏磁能力

500kV 变压器应能耐受三相 12A 的直流偏磁电流；110～220kV 变压器应能耐受三相 10A 的直流偏磁电流。

投标方提供设备的性能应满足或优于此项。

评标专家可查阅"投标产品的相关试验报告"标准技术参数表章节。

（十）过负荷能力

变压器满载运行时，当全部冷却风扇及油泵退出运行后，应持续运行不少于 30min；油面温度不超过 75℃时，应持续运行不少于 1h，在环境温度40℃、起始负荷 80%额定容量时，150%额定容量下应持续运行不少于 30min。

投标方提供设备的性能应满足或优于此项。

评标专家可查阅"技术规范书专用部分"标准技术参数表章节。

（十一）工频电压升高倍数和持续时间

变压器相对地工频电压升高倍数 1.05 倍时应能连续运行，空载时 1.3 倍时应运行不少于 1min，满载时 1.1 倍时应运行不少于 20min。

投标人提供设备的性能应满足此项。

评标专家可查阅"技术规范书专用部分"标准技术参数表章节。

二、交流变压器关键部件

（一）铁芯

应选用同一批次的优质、低损耗的冷轧晶粒取向硅钢片，硅钢片厚度应满足"技术规范书专用部分"的要求；整个铁芯采用绑扎结构，在芯柱和铁轭上采用多阶斜搭接缝，铁芯装配时应用均匀的压力压紧整个铁芯，铁芯组件均衡严紧。应对变压器漏磁通进行控制,大容量变压器应有磁屏蔽措施。

投标人提供设备的性能应满足此项。

评标专家可查阅"投标产品的相关试验报告"为标题的专用章节。

（二）绕组

同一电压等级的绕组采用同一厂家、同一批次的导线绕制；低压绕组及自耦变压器公共绕组线圈应采用（无氧）半硬铜导线或自黏性换位铜导线绕制,所采用的半硬导线的拉伸屈服强度详见专用条款要求。绕组设计应使其在承受全波和截波冲击试验时得到最佳的电位分布,应对绕组漏磁通进行控制,防止发生局部过热。制造厂应提供铁芯结构和绕组的布置排列情况。500kV 电力变压器高压（或串联）绕组导线双边绝缘厚度不应小于 1.3mm。制造厂应提供 500kV 电力变压器高压（或串联）绕组 S 换位工艺控制措施说明。

投标人提供设备的性能应满足此项。

评标专家可查阅投标文件中变压器线圈最热点分布位置及温升—时间曲线、抗短路能力计算书、磁屏蔽方法等说明文件。

（三）冷却装置

冷却装置技术参数应满足技术规范书专用部分的技术参数表,且做以下补充要求:

（1）片式散热器采用热镀锌材料,壁厚不小于 1.0mm。散热器风道不得与防火墙垂直。

（2）当有多组风扇时,有一只风扇停止运行,变压器应仍能保持满载长期运行。投标方提供应变压器在冷却器不同停运组数下的运行情况。

（3）强油循环冷却系统的两个独立电源应能独立切换,潜油泵启动应逐台启用,延时间隔应在 30s 以上。

投标人提供设备的性能应满足此项。

评标专家可查阅"变压器详细说明"为标题的专用章节。

（四）变压器套管

变压器套管技术参数应满足技术规范书专用部分的技术参数表,且做以下补充要求：

（1）套管局部放电、介质损耗等关键参数及套管型号、尺寸等应满足技术规范书专用部分要求；

（2）套管末屏与地电位之间连接不宜采用"螺柱弹簧压紧结构"，并应方便试验。220kV 和 110kV 主变压器套管可具备电压抽头，评审专家应注意及时规范书专用部分响应部分。

（3）套管顶部密封应采用将军帽结构。穿缆式套管顶部引线头与将军帽的连接应用并帽加销子的固定连接方式。

投标方提供设备的性能应满足或优于此项。

评标专家可查阅"投标产品的相关试验报告"为标题的专用章节。

（五）分接开关

分接开关技术参数应满足技术规范书专用部分的技术参数表，且做以下补充要求：

（1）在最严重工况短路电流下，触头不熔焊、烧伤、无机械变形，保证可继续运行；

（2）投标方应提供有载调压装置的型式试验报告和电气寿命试验报告。油中灭弧型有载分接开关应保证在运行 6 年内或动作 6 万次内不需要检查；真空型有载分接开关应保证在动作 6 万次内不需要检查。

投标方提供设备的性能应满足或优于此项。

评标专家可查阅"投标产品的相关试验报告"为标题的专用章节。

（六）温度测量

变压器应装设绕组温度和 2 套独立的油面温度测量装置，户外主变压器绕组温度表及油面温度表应加装防雨装置，油面温度测量点放于油箱长轴的两端；测温装置应有 2 对输出信号接点：低值—发信号，高值跳闸；油温测量装置的报警和跳闸接点应具有防雨防潮措施，确保正常情况下不发生误动。

投标方提供设备的性能应满足或优于此项。

评标专家可查阅"投标产品的相关试验报告"为标题的专用章节。

（七）套管电流互感器

套管电流互感器技术参数应满足技术规范书专用部分的技术参数表，且做以下补充要求：套管电流互感器二次引出线芯柱必须是一体浇注成型，导电杆直径不小于 8mm，并应有防转动措施。

投标人提供设备的性能应满足此项。

评标专家可查阅"投标产品的相关试验报告"为标题的专用章节。

（八）油箱

变压器油箱应采用高强度钢板焊接而成，油箱内部应根据需要合理布置磁屏蔽措施，以减小杂散损耗。油箱顶部不采用圆弧顶结构，应在变压器合适位置设置 1～2 个人孔，便于进箱检查变压器全部部件；为攀登油箱顶盖，应设置一只带有护板可上锁的爬梯；变压器除箱沿外，所用橡胶密封件应选用以丁腈、氟橡胶、丙烯酸酯为主体材料的密封件，密封件寿命不低于15 年。

投标方提供设备的性能应满足或优于此项。

评标专家可查阅"投标产品的相关试验报告"为标题的专用章节。

（九）储油柜

储油柜应采用胶囊式或波纹式储油柜，储油柜应配有盘形油位计、压力式油位计或拉带式油位计；主变压器户外安装时储油柜油位计应配置不锈钢或其他耐腐蚀材质防雨罩，且不妨碍运行观察；油位计宜表示变压器未投入运行时，相当于油温为 –10、+20℃和 +40℃三个油面标志。

投标方提供设备的性能应满足或优于此项。

评标专家可查阅"投标产品的相关试验报告"为标题的专用章节。

（十）保护和监测

户外用气体继电器、温度计、油位指示装置、速动油压继电器等保护监测装置应配置不锈钢或其他耐腐蚀材质防雨罩，二次接点数量应满足变压器技术规范通用部分要求。开关机构箱、汇控箱等应配备带开关的可手动/自动切换的防潮加热器和温湿度控制器，柜门要有防风扣。气体继电器应采用浮筒（球）挡板式结构，不采用浮球式结构。压力释放阀应有专用释放管道，与油箱间应装设阀门，并具有明显的常开标识。

投标方提供设备的性能应满足或优于此项。

评标专家可查阅"投标产品的相关试验报告"为标题的专用章节。

三、交流变压器关键工艺

（一）设备安装使用说明书

投标人应提供对应应标交流变压器设备型号的安装使用说明书。

（二）设备维护检修手册

投标人应提供按规定模板编制的对应应标交流变压器设备型号的维护检修手册。

（三）油箱加工

油箱内部金属件尖角棱边应全部加工、打磨为光滑圆角以改善接地电场。焊缝应无气孔、夹渣、裂纹、咬边等焊接缺陷，焊缝不允许有渗漏。油箱及附件环境腐蚀级别按照 C4（ISO12944−2：2017 腐蚀环境分类表）执行，油漆附着力≥5MPa。投标人应提供油箱油漆的质量检测报告、油箱整体试漏的试验报告。

（四）绝缘件加工

绝缘件加工车间温度保持 10～30℃，相对湿度≤70%，降尘量≤30mg/（m² • d）；所有绝缘件边角需进行倒角处理，加工面应光洁无尖角毛刺；线圈撑条应采用机加工铣削方式制造，应在层压之后再加工成型；500kV 产品重点部位使用的成型件应经过 X 光检测，确保无金属颗粒。

（五）铁芯加工

铁芯加工环境温度 8～32℃，湿度≤70%，降尘量≤30mg/（m² • 日）；硅钢片剪切毛刺控制在 0.02mm 以下；硅钢带剪切 S 弯在 0.2mm/2m 之内；铁芯叠装后应采用环氧玻璃丝带或聚酯带等材料进行绑扎，不得使用金属材料。

（六）线圈制造

线圈绕制环境温度 8～32℃，湿度≤70%，降尘量≤20mg/（m² • 日）；500kV 线圈绕制应采用带轴、幅向拉（压）紧装置的卧绕机或带导线拉紧装置的立绕机进行绕制，220kV 及以下的线圈绕制采用带导线拉紧装配的立绕机或卧式绕线机进行绕制；线圈换位采用液压换位器或专用的换位工装，保证 S 弯的外形质量，无剪刀差，导线匝绝缘不得有损伤；线圈宜采用恒压干燥处理，恒压干燥的压力按照线圈的计算短路力控制，自粘换位导线应采用逐步加压的方式。

（七）器身装配

环境温度 8～32℃，湿度≤70%，降尘量≤20mg/（m²·日）；各线圈的垫块及撑条中心与下部垫块中心的偏差应≤2mm，撑条安装垂直度≤2‰，撑条间距偏差±5mm 内；引线冷压连接时采用工艺要求匹配的冷压工具及模具，应采用带窥视孔的线耳或接管，压接线应剪齐后再进行压接；引线装配应有减小调压引线对调压开关造成损坏的措施，引线接头应进行均匀电场处理。

（八）总装配

环境温度 8～32℃，湿度≤70%；降尘量要求：220kV 及以下作业区降尘量≤30mg/（m²·日），500kV 作业区降尘量≤15mg/（m²·日）；密封件中心应对正法兰中心，需对称均匀紧固螺栓，密封件压缩量应为 25%～30%；器身不能在出炉环境湿度大于 80% 的情况下出炉；变压器器身暴露在空气中的时间：相对湿度不大于 65% 为 16h，相对湿度不大于 75% 为 12h。

第二节　SF_6 瓷柱式断路器

一、SF_6 瓷柱式断路器关键性能指标

（一）断路器寿命

SF_6 断路器的使用寿命应不小于 40 年，本体大修周期不小于 24 年，液压机构大修周期不小于 24 年，弹簧机构大修周期不小于 12 年。

电寿命：E2 级断路器，连续开断额定短路电流的次数不少于 20 次。

机械寿命：M2 级断路器，机械型式试验为 10 000 次操作。

投标方提供设备的性能应满足或优于此项。

评标专家可查阅"投标产品的相关试验报告"或"其他的技术资料"为标题的专用章节。

（二）绝缘试验

试验项目包括雷电冲击耐压、交流耐压等，试验参数应满足技术规范书要求，且与"标准技术特性参数表"中投标人响应值一致。

投标方提供设备的性能应满足或优于此项。

评标专家可查阅"投标产品的相关试验报告"为标题的专用章节。

（三）机械特性与时间特性

机械操作和机械特性试验，应保证断路器出厂试验时，应在分、合闸速度调整到合格范围内之后进行不少于 200 次的机械操作试验。应同时记录操作时刻，分合闸电流波形、行程曲线、断口变位信号。测量断路器主、辅触头分、合闸的同期性及配合时间，断路器辅助开关触头分合闸同期性及主触头配合时间应符合产品技术条件的规定。开断时间、分闸、合闸不同期时间等试验参数应满足技术规范书要求，且与"标准技术特性参数表"中投标人响应值一致。另外，500kV 瓷柱式断路器应在断路器 200 次分合操作后进行开盖检查。

投标人提供设备的性能应满足此项。

评标专家可查阅"投标产品的相关试验报告"为标题的专用章节。

（四）局部放电

测量局部放电的试验电压为 1.2 倍额定相电压，局部放电量不大于 10pC。

投标人提供设备的性能应满足此项。

评标专家可查阅"投标产品的相关试验报告"为标题的专用章节。

（五）温升试验及主回路电阻测量

温升试验电流应为额定电流（I_r）的 1.1 倍；温升试验前后应进行回路电阻测量，两次结果的差不应大于 20%。

投标人提供设备的性能应满足此项。

评标专家可查阅"投标产品的相关试验报告"为标题的专用章节。

（六）额定峰值和额定工频短时耐受电流

试验参数应满足技术规范书要求，且与"标准技术特性参数表"中投标人响应值一致。

投标方提供设备的性能应满足或优于此项。

评标专家可查阅"投标产品的相关试验报告"为标题的专用章节。

（七）开断能力和关合能力试验

设备参数应满足技术规范书要求，且与"标准技术特性参数表"中投标人响应值一致。

投标方提供设备的性能应满足或优于此项。

评标专家可查阅"投标产品的相关试验报告"为标题的专用章节。

（八）外壳强度

设备参数应满足技术规范书要求，且与"标准技术特性参数表"中投标人响应值一致。

投标方提供设备的性能应满足或优于此项。

评标专家可查阅"投标产品的相关试验报告"为标题的专用章节。

（九）气体密封性试验和湿度测量

SF_6 断路器年漏气率≤0.5%为合格。

SF_6 气体含量（体积分数）不大于 15μL/L 为合格。

投标人提供设备的性能应满足此项。

评标专家可查阅"投标产品的相关试验报告"为标题的专用章节。

（十）其他

其他试验包括电磁兼容性试验（EMC）、辅助和控制回路的附加试验、极限温度下机械操作的试验。

投标人应提供试验报告证明设备参数满足要求。

评标专家可查阅"投标产品的相关试验报告"为标题的专用章节。

注意：500kV 变电站用 35kV SF_6 瓷柱式无功补偿断路器存在部分特殊要求具体见表 4-1。

表 4-1　　　　500kV 变电站用 35kV SF$_6$ 瓷柱式无功补偿
断路器部分特殊要求

序号	条款编号	35kV SF$_6$ 瓷柱式无功补偿断路器技术规范书	500kV 变电站用 35kV SF$_6$ 瓷柱式无功补偿断路器技术规范书
1	额定电压	40.5	72.5
2	额定电流	2000/4000	4000
3	相间及对地	185	350
4	断口	215	410
5	近区故障特性	L75	L90/L75/L60
6	额定电缆充电开断电流	50	125
7	额定单个电容器组开断电流	—	400
8	额定背对背电容器组开断电流	—	400
9	额定并联电抗器开合电流	—	1600

二、SF$_6$ 瓷柱式断路器关键部件

（一）绝缘子

SF$_6$ 瓷柱式断路器设备内部的绝缘操作杆、盆式绝缘子、支撑绝缘子等部件必须经过局部放电试验，局部放电量不大于 3pC。

投标人提供设备的性能应满足此项。

评标专家可查阅"投标产品的相关试验报告"为标题的专用章节。

（二）断路器

断路器技术参数应满足技术规范书专用部分的技术参数表，且做以下补充要求。

电寿命：E2 级断路器，可连续开断额定短路开断电流的次数 63kA 及以下不少于 20 次。

机械寿命：M2 级断路器，机械型式试验为 10 000 次操作。

投标人提供设备的性能应满足此项。

评标专家可查阅"投标产品的相关试验报告"为标题的专用章节。

（三）SF₆气体气密密封圈

SF₆气体系统的主密封圈的设计寿命至少应为40年，投标人应提供主密封圈加速老化试验报告。

投标方提供设备的性能应满足或优于此项。

评标专家可查阅"投标产品的相关试验报告"为标题的专用章。

（四）辅助开关

辅助开关应为断路器专用型辅助开关或磁吹开关，应满足开关装置的规定电气和机械操作循环的次数。

辅助开关应和主触头机械联动，在两个方向上都应是正向驱动的。

断路器辅助开关的切断容量应不小于DC 110V、5A或DC 220V、2.5A。

投标人提供设备的性能应满足此项。

评标专家可查阅"投标产品的相关试验报告"为标题的专用章节。

（五）机构箱及汇控柜

机构箱与汇控柜的外壳应采用表4-2的要求，机构箱与汇控柜的外壳应采用防锈性能不低于优质304不锈钢（厚度不小于2mm）或铸铝的材质，应提供盐雾试验报告。

机构箱的外壳提供的防护等级应符合不低于IP4X（户内）和IP55W（户外）的要求。

表4-2　　　　　　　　　机构箱与汇控柜的外壳要求

材质	304 不锈钢	热浸镀锌钢	5052 铝合金
厚度（mm）	2	3	—
表面处理	钝化处理	喷涂覆面漆	阳极氧化并封闭处理

注　离海岸线3km内地区设备所用的机构箱与汇控柜外壳应采用316L不锈钢材质。

投标方提供设备的性能应满足或优于此项。

评标专家可查阅"投标产品的相关试验报告"为标题的专用章节。

（六）SF₆气体监测设备

SF₆气体监测设备应采用防振型机械指示式、具有密度和压力指示功能合一的气体密度继电器，具有自动温度补偿功能。

压力表（或密度表）的精度规定为：环境温度 20℃时最大允许误差为±1%，环境温度−20～+60℃时最大允许误差为±2.5%。

对于 220kV 的断路器每相应安装独立的 SF_6 气体监测设备。

投标人提供设备的性能应满足此项。

评标专家可查阅"投标产品的相关试验报告"为标题的专用章节。

三、SF_6 瓷柱式断路器关键工艺

（一）设备安装使用说明书

投标人应提供对应应标 SF_6 瓷柱式断路器设备型号的安装使用说明书。

（二）设备维护检修手册

投标人应提供按规定模板编制的对应应标 SF_6 瓷柱式断路器设备型号的维护检修手册。

（三）镀银层

断路器动静主触头应镀银，镀银层应光滑无划伤、脱落等异常情况。镀银层的制造资料完善而具有可追溯性。投标方应提供对镀银质量标准和检测手段。

（四）操动机构

断路器应装设两套完全一样的分闸装置，包括电气上独立的且相同的分闸线圈，两个分闸线圈分别或同时动作时不应影响分闸操作。

（五）位置指示器

断路器每相均应装设一个机械式的分合闸位置指示器，机械式的分合闸位置指示器应动作准确、可靠，所有指示布置应从巡视通道清晰可见。位置指示器的颜色和标示应符合相关标准要求：红色表示合闸，绿色表示分闸，同时合闸位置应用字符"合"标示，分闸位置应用字符"分"标示（注：110kV及以上的断路器每相均应装设一个机械式的分合闸位置指示器）。

（六）吸附剂罩结构和材质

吸附剂罩结构应合理设计，应选用金属材质制成。吸附剂罩应与断路器

采用 3 颗以上螺栓连接。吸附剂应采用口袋包裹，严禁散落于吸附剂罩内部。

（七）密度继电器设置

SF_6 气体压力（或密度）监测装置应采用防振型机械指示式、具有密度和压力指示功能合一的气体密度继电器，具有自动温度补偿功能，在 $-30\sim$ $+60$℃范围内任何温度下指示的压力值是室温（20℃）下的压力值（密度）（注：220kV 及以上的断路器每相应安装独立的 SF_6 气体监测设备）。

（八）压力释放装置设置

排逸孔的防爆膜应保证在使用年限内不会老化开裂。排逸孔的布置及保护罩的位置，应确保排出压力气体时，不危及在正常运行时可触及位置工作的运行人员。为了避免正常运行条件下的压力释放动作，在设计压力和排逸孔的动作压力之间应有足够的差值。而且，确定排逸孔的动作压力时应考虑到运行期间出现的瞬时压力。投标方应提供排逸孔的动作压力值。

第三节　SF_6 罐 式 断 路 器

一、SF_6 罐式断路器关键性能指标

（一）使用寿命

SF_6 断路器的使用寿命应不小于 40 年，本体大修周期不小于 24 年，液压机构大修周期不小于 24 年，弹簧机构大修周期不小于 12 年。

注：本体大修周期是设备需要退出运行并进行本体解体的检修工作，工作时需要使用仪器仪表或其他工具进行。

投标方提供设备的性能应满足或优于此项。

评标专家可查阅"投标产品的相关试验报告"或"其他的技术资料"为标题的专用章节。

（二）绝缘试验

试验项目包括雷电冲击、交流耐压等，试验参数应满足技术规范书要求，且与"标准技术特性参数表"中投标人响应值一致。

投标方提供设备的性能应满足或优于此项。

评标专家可查阅"投标产品的相关试验报告"为标题的专用章节。

（三）操作特性

包括测试合－分时间、合闸速度、分闸速度、行程－时间特性曲线以及线圈电流－时间曲线，具体如下：

（1）断路器出厂试验时应进行不少于 200 次的机械操作试验，以保证触头充分磨合。200 次操作试验后罐式断路器应进行内部彻底清洁，确认无异常再进行其他试验。

（2）连续 200 次操作前后应分别测量开关装置的回路电阻，应无明显偏差。

（3）机械特性试验。

投标人提供设备的性能应满足此项。

评标专家可查阅"投标产品的相关试验报告"为标题的专用章节。

（四）局部放电

测量局部放电的试验电压为 1.2 倍额定相电压，局部放电量不大于 10pC。

投标人提供设备的性能应满足此项。

评标专家可查阅"投标产品的相关试验报告"为标题的专用章节。

（五）温升试验及主回路电阻测量

温升试验电流应为额定电流（I_r）的 1.1 倍，且在温升试验规定的条件下，当周围空气温度不超过 40℃，开关设备和控制设备任何部分的温升不超过 DL/T 593 表 3 规定的温升极限。主回路电阻测量应在充气后进行。

投标人提供设备的性能应满足此项。

评标专家可查阅"投标产品的相关试验报告"为标题的专用章节。

（六）额定峰值和额定短时耐受电流

试验参数应满足技术规范书要求，且与"标准技术特性参数表"中投标人响应值一致。

投标方提供设备的性能应满足或优于此项。

评标专家可查阅"投标产品的相关试验报告"为标题的专用章节。

（七）开断能力和关合能力试验

设备参数应满足技术规范书要求，且与"标准技术特性参数表"中投标人响应值一致。

投标方提供设备的性能应满足或优于此项。

评标专家可查阅"投标产品的相关试验报告"为标题的专用章节。

（八）外壳强度

设备参数应满足技术规范书要求，且与"标准技术特性参数表"中投标人响应值一致。

投标方提供设备的性能应满足或优于此项。

评标专家可查阅"投标产品的相关试验报告"为标题的专用章节。

（九）防护等级验证

机构箱汇控柜的外壳提供的防护等级应符合 IP55 及以上。

投标方提供设备的性能应满足或优于此项。

评标专家可查阅"投标产品的相关试验报告"为标题的专用章节。

（十）气体密封性试验

（1）断路器应采用局部包扎法或整体扣罩法进行定量测量。

（2）采用局部包扎法测得的 SF_6 气体含量（体积分数）不大于 $15\mu L/L$ 为合格。

投标人提供设备的性能应满足此项。

评标专家可查阅"投标产品的相关试验报告"为标题的专用章节。

（十一）其他

其他试验包括电磁兼容性试验（EMC）、辅助和控制回路的附加试验。

投标人应提供试验报告证明设备参数满足要求。

评标专家可查阅"投标产品的相关试验报告"为标题的专用章节。

二、SF_6 罐式断路器关键部件

（一）绝缘子

罐式断路器设备内部的绝缘操作杆、盆式绝缘子、支撑绝缘子等部件必

须经过局部放电试验方可装配，要求在不低于 80%工频耐压值下的试验电压下单个绝缘件的局部放电量不大于 3pC。

投标人提供设备的性能应满足此项。

评标专家可查阅"投标产品的相关试验报告"为标题的专用章节。

（二）断路器

断路器技术参数应满足技术规范书专用部分的技术参数表，且做以下补充要求。

电寿命：E2 级断路器，可连续开断额定短路开断电流的次数 63kA 及以下不少于 20 次。

机械寿命：M2 级断路器，机械型式试验为 10 000 次操作。

投标人提供设备的性能应满足此项。

评标专家可查阅"投标产品的相关试验报告"为标题的专用章节。

（三）SF_6 气体气密密封圈

SF_6 气体系统的主密封圈的设计寿命至少应为 40 年，投标人应提供主密封圈加速老化试验报告。

投标方提供设备的性能应满足或优于此项。

评标专家可查阅"投标产品的相关试验报告"为标题的专用章节。

（四）辅助开关

辅助开关应为断路器专用型辅助开关或磁吹开关，应满足开关装置的规定电气和机械操作循环的次数。

辅助开关应和主触头机械联动，在两个方向上都应是正向驱动的。

断路器辅助开关的切断容量应不小于 DC 110V、5A 或 DC 220V、2.5A。

投标人提供设备的性能应满足

评标专家可查阅"投标产品的相关试验报告"为标题的专用章节。

（五）机构箱及汇控柜

机构箱与汇控柜的外壳应采用表 4-3 的要求，并采取有效的防腐、防锈措施，确保在使用寿命内不出现涂层剥落、表面锈蚀的现象，提供中性盐雾试验报告。

表 4－3　　　　　　　　　　机构箱与汇控柜的外壳材质要求

材质	304 不锈钢	热浸镀锌钢	5052 铝合金
厚度（mm）	2	3	—
表面处理	钝化处理	喷涂覆面漆	阳极氧化并封闭处理

注　离海岸线 3km 内地区设备所用的机构箱与汇控柜外壳应采用 316L 不锈钢材质。

机构箱的外壳提供的防护等级应符合不低于 IP55 的要求。

投标方提供设备的性能应满足或优于此项。

评标专家可查阅"投标产品的相关试验报告"为标题的专用章节。

三、SF$_6$罐式断路器关键工艺

（一）设备安装使用说明书

投标人应提供对应应标 SF$_6$ 罐式断路器的安装使用说明书

（二）设备维护检修手册。

投标人应提供按规定模板编制的对应应标 SF$_6$ 罐式断路器的维护检修手册。

（三）镀银层

投标人应提供镀银层硬度、厚度和附着力的质量控制标准。

（四）操动机构

断路器应装设两套完全一样的分闸装置，包括电气上独立的且相同的分闸线圈，两个分闸线圈分别或同时动作时不应影响分闸操作。

（五）位置指示器

断路器每相均应装设一个机械式的分合闸位置指示器，机械式的分合闸位置指示器应动作准确、可靠，所有指示布置应从巡视通道清晰可见。位置指示器的颜色和标示应符合相关标准要求：红色表示合闸，绿色表示分闸，同时合闸位置应用字符"合"标示，分闸位置应用字符"分"标示。

（六）吸附剂罩结构和材质

吸附剂罩结构应合理设计，应选用金属材质制成。吸附剂罩应与断路器采用 3 颗以上螺栓连接。吸附剂应采用口袋包裹，严禁散落于吸附剂罩内部。

（七）密度继电器设置

SF_6 气体压力（或密度）监测装置应采用防振型机械指示式、具有密度和压力指示功能合一的气体密度继电器，具有自动温度补偿功能，在 $-30\sim+60℃$ 范围内任何温度下指示的压力值是室温（$20℃$）下的压力值（密度）。

（八）压力释放装置设置

排逸孔的防爆膜应保证在使用年限内不会老化开裂。

排逸孔的布置及保护罩的位置，应确保排出压力气体时，不危及在正常运行时可触及位置工作的运行人员。

为了避免正常运行条件下的压力释放动作，在设计压力和排逸孔的动作压力之间应有足够的差值。而且，确定排逸孔的动作压力时应考虑到运行期间出现的瞬时压力。投标方应提供排逸孔的动作压力值。

第四节　隔　离　开　关

一、隔离开关关键性能指标

（一）使用寿命

敞开式隔离开关的使用寿命应不小于 40 年，本体大修周期不小于 18 年，操动机构大修周期不小于 18 年。应为 M2 级隔离开关和接地开关，机械寿命不小于 10 000 次。

投标方提供设备的性能应满足或优于此项。

评标专家可查"投标产品的相关试验报告"或"其他的技术资料"为标题的专用章节。

（二）绝缘试验

试验项目包括雷电冲击、交流耐压等，试验参数应满足技术规范书要求，且与"标准技术特性参数表"中投标人响应值一致。

投标方提供设备的性能应满足或优于此项。

评标专家可查阅"投标产品的相关试验报告"为标题的专用章节。

（三）隔离开关额定开合感应电流能力（适用时）

设备参数应满足技术规范书要求，且与"标准技术特性参数表"中投标人响应值一致。

投标方提供设备的性能应满足或优于此项。

评标专家可查阅"投标产品的相关试验报告"为标题的专用章节。

（四）额定峰值和额定短时耐受电流

试验参数应满足技术规范书要求，且与"标准技术特性参数表"中投标人响应值一致。

投标方提供设备的性能应满足或优于此项。

评标专家可查阅"投标产品的相关试验报告"为标题的专用章节。

（五）防护等级验证

汇控柜的外壳提供的防护等级应符合不低于 IP55。

投标方提供设备的性能应满足或优于此项。

评标专家可查阅"投标产品的相关试验报告"为标题的专用章节。

（六）温升试验及主回路电阻测量

温升试验电流应为额定电流（I_N）的 1.1 倍；温升试验前后应进行回路电阻测量，两次结果的差不应大于 20%。

投标人提供设备的性能应满足。

评标专家可查阅"投标产品的相关试验报告"为标题的专用章节。

（七）其他

其他试验包括电磁兼容性试验（EMC）、辅助和控制回路的附加试验、极限温度下机械操作的试验。投标人应提供试验报告证明设备参数满足要求。

评标专家可查阅"投标产品的相关试验报告"为标题的专用章节。

二、隔离开关关键部件

（一）绝缘子

绝缘子均应是实心瓷质高强度绝缘子，最小爬电比距满足污秽等级要求，110kV 及以上绝缘子应采用干法成型工艺。绝缘子需满足干法瓷瓶瓷质声速＞6000m/s，化学成分 Al_2O_3＞40.0%，投标方应提供相关证明文件。

绝缘子出厂时每支均要进行弯曲与扭转机械负荷试验、瓷件温度循环试验（杆径≥100mm）、外观及尺寸检查、瓷件超声波检查，并应进行破坏性试验抽检，投标方应提供相关证明文件。

投标人提供设备的性能应满足此项。

评标专家可查阅"投标产品的相关试验报告"为标题的专用章节。

（二）接线端子

隔离开关应配备平板式接线端子，接线端子应选用 6000 系列铝合金材质。

隔离开关配备的平板式接线端子表面应镀锡或镀银，镀层厚度不小于 10μm。镀层不能作为减少电流密度措施，只能作为防氧化作用。

投标人提供设备的性能应满足此项。

评标专家可查阅"投标产品的相关试验报告"为标题的专用章节。

（三）机构箱及汇控柜

机构箱的外壳应采用防锈性能不低于 304 不锈钢材质或一体式铸铝成型、热镀锌钢板，厚度不小于 2.0mm，离海岸线 3km 内地区应采用 316L 不锈钢材质，并提供盐雾试验报告。

机构箱的外壳应有足够的机械强度，抗机械撞击水平优选为 IK07（2J），并提供撞击试验报告。操动机构箱应能防锈、防寒、防小动物、防尘、防潮、防雨，并有密网孔的过滤网防止昆虫进入，各面板采用折弯焊接工艺，防护等级为 IP55。

机构箱顶部采用内嵌式密封圈，机构箱顶部突起部分约 10mm，旋转底座内侧装配有 O 型密封圈，以有效防止水及水汽的侵入，避免输出轴及机构箱内部受到外部水分的影响。

投标方提供设备的性能应满足或优于此项。

评标专家可查阅"投标产品的相关试验报告"为标题的专用章节。

（四）辅助开关

辅助开关应采用真空或满足同等要求的机械辅助开关，并且机械寿命达到 10 万次，电气寿命：直流 1 万次；交流 2 万次，投标方应提供相关证明文件。

辅助开关满足 2000V、50Hz、1min 耐压试验，辅助开关触头温升试验满足 GB/T 11022 中 6.5 的要求，辅助开关触头镀银层厚度不小于 20μm，投标方应提供相关证明文件。

全部辅助触点的动作应能与隔离开关的主刀闸或接地刀闸的全部行程相一致。

投标人提供设备的性能应满足此项。

评标专家可查阅"投标产品的相关试验报告"为标题的专用章节。

三、隔离开关关键工艺

（一）设备安装使用说明书

投标人应提供对应应标隔离开关设备型号的安装使用说明书。

（二）设备维护检修手册

投标人应提供对应应标隔离开关设备型号的维护检修手册。

（三）隔离开关镀层

投标人应提供镀层硬度、厚度和附着力的质量控制标准。

（四）焊接

焊接作业不应产生小孔、裂缝及其他任何明显缺陷。

焊接作业和焊缝的鉴定试验应按照 AWS（美国焊接学会）或等价标准的最新版本执行。用于手工焊接的焊条应为适用于整段焊接的厚皮型。

投标方应提交主要部件的焊接工艺、板材、焊条和焊接的非破坏性试验供认可用。

第五节　接　地　开　关

一、接地开关关键性能指标

（一）使用寿命

敞开式接地开关的使用寿命应不小于 40 年,本体大修周期不小于 18 年,操动机构大修周期不小于 18 年。应为 M2 级隔离开关和接地开关，机械寿命不小于 10 000 次。

投标方提供设备的性能应满足或优于此项。

评标专家可查阅"投标产品的相关试验报告"或"其他的技术资料"为标题的专用章节。

（二）绝缘试验

试验项目包括雷电冲击、交流耐压等，试验参数应满足技术规范书要求，且与"标准技术特性参数表"中投标人响应值一致。

投标方提供设备的性能应满足或优于此项。

评标专家可查阅"投标产品的相关试验报告"为标题的专用章节。

（三）接地开关额定开合感应电流能力（适用时）

设备参数应满足技术规范书要求，且与"标准技术特性参数表"中投标人响应值一致。

投标方提供设备的性能应满足或优于此项。

评标专家可查阅"投标产品的相关试验报告"为标题的专用章节。

（四）额定峰值和额定短时耐受电流

试验参数应满足技术规范书要求，且与"标准技术特性参数表"中投标人响应值一致。

投标方提供设备的性能应满足或优于此项。

评标专家可查阅"投标产品的相关试验报告"为标题的专用章节。

（五）防护等级验证

汇控柜的外壳提供的防护等级应符合不低于 IP55

投标方提供设备的性能应满足或优于此项。

评标专家可查阅"投标产品的相关试验报告"为标题的专用章节。

（六）接地线

接地开关的导体与底座之间、底座与支架之间的铜质编织软连接线或连接铜排的最小截面不得小于 200mm²（500kV）、180mm²（220kV）、150mm²（35～110kV），在接地故障时其电流密度规定不应超过 110A/mm²，并与其热稳定电流相匹配。铜质编织软连接线或连接铜排应采用镀锡等表面处理工艺。接地导体端子的电气接触面积应与接地导体的截面相适应，但最小电气接触面积不应小于 200mm²。

投标人提供设备的性能应满足此项。

（七）其他

其他试验包括电磁兼容性试验（EMC）、辅助和控制回路的附加试验、极限温度下机械操作的试验。

投标人应提供试验报告证明设备参数满足要求。

评标专家可查阅"投标产品的相关试验报告"为标题的专用章节。

二、接地开关关键部件

（一）绝缘子

绝缘子均应是实心瓷质高强度绝缘子，最小爬电比距满足污秽等级要求，110kV 及以上绝缘子应采用干法成型工艺。绝缘子需满足干法瓷瓶瓷质声速＞6000m/s，化学成分 Al_2O_3＞40.0%，投标方应提供相关证明文件

绝缘子出厂时每支均要进行弯曲与扭转机械负荷试验、瓷件温度循环试验（杆径≥100mm）、外观及尺寸检查、瓷件超声波检查，并应进行破坏性试验抽检，投标方应提供相关证明文件。

投标人提供设备的性能应满足此项。

评标专家可查阅"投标产品的相关试验报告"为标题的专用章节。

（二）接线端子

接地开关应配备平板式接线端子，接线端子应选用 6000 系列铝合金材质。

接地开关配备的平板式接线端子表面应镀锡或镀银，镀层厚度不小于10μm。镀层不能作为减少电流密度措施，只能作为防氧化作用。

投标人提供设备的性能应满足此项。

评标专家可查阅"投标产品的相关试验报告"为标题的专用章节。

（三）机构箱

机构箱的外壳应采用防锈性能不低于 304 不锈钢材质或一体式铸铝成

型、热镀锌钢板，厚度不小于 2.0mm，离海岸线 3km 内地区应采用 316L 不锈钢材质，并提供盐雾试验报告。

齿轮箱/机构箱的外壳应有足够的机械强度，抗机械撞击水平优选为 IK07（2J），并提供撞击试验报告。操动机构箱应能防锈、防寒、防小动物、防尘、防潮、防雨，并有密网孔的过滤网防止昆虫进入，各面板采用折弯焊接工艺，防护等级为 IP55。

机构箱顶部采用内嵌式密封圈，机构箱顶部突起部分约 10mm，旋转底座内侧装配有 O 型密封圈，以有效防止水及水汽的侵入，避免输出轴及机构箱内部受到外部水分的影响。

投标方提供设备的性能应满足或优于此项。

评标专家可查阅"投标产品的相关试验报告"为标题的专用章节。

（四）辅助开关

辅助开关应采用真空或满足同等要求的机械辅助开关，并且机械寿命达到 10 万次，电气寿命：直流 1 万次、交流 2 万次，投标方应提供相关证明文件。

辅助开关满足 2000V、50Hz、1min 耐压试验，辅助开关触头温升试验满足 GB/T 11022《高压交流开关设备和控制设备标准的共用技术要求》中 6.5 的要求，辅助开关触头镀银层厚度不小于 20μm，投标方应提供相关证明文件。

全部辅助触点的动作应能与隔离开关的主刀闸或接地刀闸的全部行程相一致。

投标人提供设备的性能应满足此项。

评标专家可查阅"投标产品的相关试验报告"为标题的专用章节。

三、接地开关关键工艺

（一）设备安装使用说明书

投标人应提供对应应标接地开关设备型号的安装使用说明书。

（二）设备维护检修手册

投标人应提供按规定模板编制的对应应标 GIS 设备型号的维护检修手册。

（三）接地开关镀层

投标人应提供镀层硬度、厚度和附着力的质量控制标准。

（四）焊接

焊接作业不应产生小孔、裂缝及其他任何明显缺陷。

焊接作业和焊缝的鉴定试验应按照 AWS（美国焊接学会）或等价标准的最新版本执行。用于手工焊接的焊条应为适用于整段焊接的厚皮型。

投标方应提交主要部件的焊接工艺、板材、焊条和焊接的非破坏性试验供认可用。

第六节　中性点接地开关部分

一、中性点接地开关关键性能指标

（一）使用寿命

敞开式接地开关的使用寿命应不小于 40 年,本体大修周期不小于 18 年,操动机构大修周期不小于 18 年。机械寿命:应为 M2 级隔离开关和接地开关,不小于 10 000 次。

投标方提供设备的性能应满足或优于此项。

评标专家可查阅"投标产品的相关试验报告"或"其他的技术资料"为标题的专用章节。

（二）绝缘试验

试验项目包括雷电冲击、交流耐压等,试验参数应满足技术规范书要求,且与"标准技术特性参数表"中投标人响应值一致。

投标方提供设备的性能应满足或优于此项。

评标专家可查阅"投标产品的相关试验报告"为标题的专用章节。

（三）接地开关额定开合感应电流能力（适用时）

设备参数应满足技术规范书要求,且与"标准技术特性参数表"中投标人响应值一致。

投标方提供设备的性能应满足或优于此项。

评标专家可查阅"投标产品的相关试验报告"为标题的专用章节。

（四）额定峰值和额定短时耐受电流

试验参数应满足技术规范书要求，且与"标准技术特性参数表"中投标人响应值一致。

投标方提供设备的性能应满足或优于此项。

评标专家可查阅"投标产品的相关试验报告"为标题的专用章节。

（五）防护等级验证

汇控柜的外壳提供的防护等级应符合不低于 IP55。

投标方提供设备的性能应满足或优于此项。

评标专家可查阅"投标产品的相关试验报告"为标题的专用章节。

（六）温升试验及主回路电阻测量

温升试验电流应为额定电流（I_N）的 1.1 倍；温升试验前后应进行回路电阻测量，两次结果的差不应大于 20%。

投标人提供设备的性能应满足此项。

评标专家可查阅"投标产品的相关试验报告"为标题的专用章节。

（七）接地线

接地开关的导体与底座之间、底座与支架之间的铜质编织软连接线或连接铜排的最小截面不得小于 180mm²（252kV）、180mm²（126kV）、150mm²（40.5kV），铜质编织软连接线或连接铜排应采用镀锡等表面处理工艺。接地导体端子的电气接触面积应与接地导体的截面相适应，最小电气接触面积不应小于 200mm²。

投标人提供设备的性能应满足此项。

（八）其他

其他试验包括电磁兼容性试验（EMC）、辅助和控制回路的附加试验、极限温度下机械操作的试验。

投标人应提供试验报告证明设备参数满足要求。

评标专家可查阅"投标产品的相关试验报告"为标题的专用章节。

二、中性点接地开关关键部件及关键工艺

详情见第二章第五节接地开关中的关键部件及关键工艺部分的内容。

第七节 GIS

一、GIS 关键性能指标

（一）使用寿命

GIS 的使用寿命应不小于 40 年，本体大修周期不小于 24 年，液压机构大修周期不小于 24 年，弹簧机构大修周期不小于 12 年。

投标方提供设备的性能应满足或优于此项。

评标专家可查阅"投标产品的相关试验报告"或"其他的技术资料"为标题的专用章节。

（二）绝缘试验

试验项目包括雷电冲击、交流耐压等，试验参数应满足技术规范书要求，且与"标准技术特性参数表"中投标人响应值一致。

投标方提供设备的性能应满足或优于此项。

评标专家可查阅"投标产品的相关试验报告"为标题的专用章节。

（三）操作特性

测量开关装置的行程—时间特性曲线，同时测量操动机构内辅助开关与主触头动作时间的配合情况，应保证除非动触头分别到达其合闸或分闸位置，否则不应该发出合闸和分闸位置指示和位置信号。

投标人提供设备的性能应满足此项。

评标专家可查阅"投标产品的相关试验报告"为标题的专用章节。

（四）局部放电

GIS/HGIS 设备内部的绝缘操作杆、盆式绝缘子、支撑绝缘子等部件必须经过局部放电试验方可装配，要求在不低于 80%工频耐压值的试验电压下

单个绝缘件的局部放电量不大于 3pC。

投标人提供设备的性能应满足此项。

评标专家可查阅"投标产品的相关试验报告"为标题的专用章节。

（五）温升试验及主回路电阻测量

温升试验电流应为额定电流（I_r）的 1.1 倍。

温升试验前后应进行回路电阻测量，两次结果的差不应大于 20%。

投标人提供设备的性能应满足此项。

评标专家可查阅"投标产品的相关试验报告"为标题的专用章节。

（六）额定峰值和额定短时耐受电流

试验参数应满足技术规范书要求，且与"标准技术特性参数表"中投标人响应值一致。

投标方提供设备的性能应满足或优于此项。

评标专家可查阅"投标产品的相关试验报告"为标题的专用章节。

（七）开断能力和关合能力试验

设备参数应满足技术规范书要求，且与"标准技术特性参数表"中投标人响应值一致。

投标方提供设备的性能应满足或优于此项。

评标专家可查阅"投标产品的相关试验报告"为标题的专用章节。

（八）防护等级验证

汇控柜的外壳提供的防护等级应符合不低于 IP4X（户内）和 IP55W（户外）。

投标方提供设备的性能应满足或优于此项。

评标专家可查阅"投标产品的相关试验报告"为标题的专用章节。

（九）气体密封性试验

GIS 的年漏气率≤0.5%。

投标人提供设备的性能应满足此项。

评标专家可查阅"投标产品的相关试验报告"为标题的专用章节。

（十）其他

其他试验包括电磁兼容性试验（EMC）、辅助和控制回路的附加试验、极限温度下机械操作的试验。

投标人应提供试验报告证明设备参数满足要求。

评标专家可查阅"投标产品的相关试验报告"为标题的专用章节。

二、GIS 关键部件

（一）绝缘子

GIS（HGIS）设备内部的绝缘操作杆、盆式绝缘子、支撑绝缘子等部件必须经过局部放电试验，局部放电量不大于 3pC；气隔盆式绝缘子应能承受一侧真空而另一侧处于额定压力下的作用力。

投标人提供设备的性能应满足此项。

评标专家可查阅"投标产品的相关试验报告"为标题的专用章节。

（二）断路器

断路器技术参数应满足"技术规范书专用部分"的技术参数表，且做以下补充要求。

电寿命：E2 级断路器，连续开断额定短路电流的次数不少于 20 次。

机械寿命：M2 级断路器，机械型式试验为 10 000 次操作。

投标人提供设备的性能应满足此项。

评标专家可查阅"投标产品的相关试验报告"为标题的专用章节。

（三）隔离开关和接地开关

隔离开关和接地开关技术参数应满足技术规范书书专用部分的技术参数表，且做以下补充要求：

（1）电寿命：快速接地开关应为 E1 级接地开关，能够在额定关合电流下经受两次关合操作。

（2）机械寿命：M2 级隔离开关，10 000 次操作循环。

（3）检修接地开关的机械寿命为 10 000 次，快速接地开关的机械寿命同检修接地开关。

投标人提供设备的性能应满足。

评标专家可查阅"投标产品的相关试验报告"为标题的专用章节。

（四）SF$_6$气体气密密封圈

SF$_6$气体系统的主密封圈的设计寿命至少应为 40 年，投标人应提供加速老化试验报告。

投标方提供设备的性能应满足或优于此项。

评标专家可查阅"投标产品的相关试验报告"为标题的专用章节。

（五）辅助开关

要求辅助触头所处位置到达分/合闸位置时，保证所有主触头都处于分/合闸位置

投标人提供设备的性能应满足此项。

评标专家可查阅"投标产品的相关试验报告"为标题的专用章节。

（六）机构箱及汇控柜

机构箱与汇控柜的外壳应采用防锈性能不低于优质 304 不锈钢（厚度不小于 2mm）或铸铝的材质，应提供盐雾试验报告。

机构箱的外壳提供的防护等级应符合不低于 IP4X（户内）和 IP55W（户外）的要求。

投标方提供设备的性能应满足或优于此项。

评标专家可查阅"投标产品的相关试验报告"为标题的专用章节。

（七）电压互感器和电流互感器

GIS 的母线避雷器和电压互感器、电缆进线间隔的避雷器和线路电压互感器应设置独立的隔离开关或隔离断口；架空进线的 GIS 线路间隔的避雷器和线路电压互感器应采用敞开式结构。

投标方提供设备的性能应满足此项。

三、GIS 关键工艺

（一）设备安装使用说明书

投标人应提供对应应标 GIS 设备型号的安装使用说明书。

（二）设备维护检修手册

投标人应提供按规定模板编制的对应应标 GIS 设备型号的维护检修手册。

（三）GIS 镀银层

投标人应提供镀银层硬度、厚度和附着力的质量控制标准。

（四）尺寸要求

110kV GIS（HGIS）的间隔宽度不应小于 1500mm，220kV GIS（HGIS）的间隔宽度不应小于 3000mm，220kV GIS（HGIS）如采用三相分箱，相间距不能小于 800mm。

（五）气室分隔

对双母线结构的 GIS，同一出线间隔的不同母线隔离开关应各自设置独立隔室。

母线隔室应按间隔划分，不同间隔内母线不能共隔室。

避雷器、电压互感器、电缆终端和 220kV 及以上断路器等元件所在气隔应为独立隔室。

（六）操动机构

GIS 的断路器应装设两套完全一样的分闸装置，包括电气上独立的且相同的分闸线圈，两个分闸线圈分别或同时动作时不应影响分闸操作。

（七）位置指示器

对分相式结构 GIS（HGIS），隔离开关和接地开关为三相机械联动且有外部传动连杆的，应每相装设一个位置指示器。

（八）密度继电器设置

分相设备应按相配置密度继电器，不应共用密度继电器，如分箱结构的断路器、母线室应每相设置独立的密度继电器。

第八节　框架式电容器组

一、框架式电容器组关键性能指标

（一）绝缘水平

对绝缘水平的要求见"技术规范书"相关章节。

投标方提供设备的性能应满足或优于此项。

评标专家可查阅"投标产品的相关试验报告"或"其他的技术资料"为标题的专用章节。

（二）装置过载荷能力

对稳态过电压，暂态过电压，耐受浪涌，稳态过电流的要求应满足技术规范书相关内容。

投标方提供设备的性能应满足或优于此项。

评标专家可查阅"投标产品的相关试验报告"为标题的专用章节。

（三）温升

对于框架式电容器成套装置，其母线及主电路中各连接处的温升不应超过 50K，各电气设备的温升不应超过各自的规定。

投标人提供设备的性能应满足此项。

评标专家可查阅"投标产品的相关试验报告"为标题的专用章节。

（四）短路电流

主回路中的电气设备、连接线及机械结构应能耐受短路电流和电容器极间短路放电电流的作用，而不产生热的和机械的损伤及明显的变形。

投标人提供设备的性能应满足此项。

评标专家可查阅"投标产品的相关试验报告"为标题的专用章节。

（五）涌流限值

电容器装置应能将投入电容器组时产生的涌流限值在电容器组额定电流的 20 倍及以下。

投标人提供设备的性能应满足，500kV 限流电容器应提供试验或计算报告。

评标专家可查阅"投标产品的相关试验报告"为标题的专用章节。

（六）并联段并联总容量

电容器组每相每一并联段并联总容量不大于 3900kvar（包括 3900kvar）。

投标方提供设备的性能应满足或优于此项。

评标专家可查阅"投标产品的相关试验报告"为标题的专用章节。

二、框架式电容器组关键部件

（一）电容器单元

生产厂家应在出厂试验报告中提供每台电容器的脉冲电流法局部放电试验数据，放电量应不大于 50pC。

电容器内部放电元件，应能使电容器断开电源后，剩余电压在 10min 内由 $\sqrt{2}\,U_N$ 下降至 50V 以下。

内部熔丝的性能应满足 GB/T 11024.4《标称电压 1000V 以上交流电力系统用并联电容器　第 4 部分：内部熔丝》的相关要求。

投标人提供设备的性能应满足此项。

评标专家可查阅"投标产品的相关试验报告"为标题的专用章节。

（二）氧化锌避雷器

金属氧化物避雷器接线方式应采用星形接线，中性点直接接地方式，安装在相地之间并应紧靠电容器组高压侧入口处位置。

投标方提供设备的性能应满足或优于此项。

评标专家可查阅"投标产品的相关试验报告"为标题的专用章节。

（三）接地开关

带手动操动机构，4 开 4 闭辅助开关，四极接地刀闸，采用完善化隔离开关，辅助开关箱应能防水、防潮。

（四）电流互感器（双 Y 接线）

（1）电流互感器应能耐受电容器极间短路故障状态下的短路电流和高频涌放电流，不得损坏，宜加装保护措施。

（2）电流互感器要求能在 5 倍额定电流下长期运行。

（五）放电器件

电容器单元内部宜装设放电电阻，其放电性能应能满足电容器组断开电源后，在 10min 内将电容器单元的剩余电压从 $\sqrt{2}\,U_{1N}$ 放电到 75V。

（六）熔断器

其他要求应符合 DL/T 442《高压并联电容器单台保护用熔断器使用技术

条件》标准的要求。且厂家必须提供合格、有效的型式试验报告。型式试验有效期为 5 年。户内型熔断器不得用于户外电容器组。

（七）保护

厂家提供保护计算方法和保护整定值。

电容器组安装时应尽可能降低初始不平衡度，保护定值应根据电容器内部元件串并联情况进行计算确定。

三、框架式电容器组关键工艺

（一）净化环境

电容器元件卷制间具有空调净化设备系统，确保元件卷绕质量，同时净化间内保持恒温恒湿，在生产过程中进行实时净化度监测，确保工艺要求。材料暂存间与卷制间具有相同的温、湿度条件，薄膜和铝箔经过暂存间稳定化处理后方可使用。

（二）元件卷制

使用微机控制的自动卷绕机（如图 4-1 所示）进行元件卷制，卷绕机可以自动完成元件卷绕的起头、张力调节、铝箔折边、高速卷绕、圈数控制、收尾断料及元件脱落等工序。

图 4-1　自动卷绕机

（三）心子压装

按照产品图纸及参数单要求，将元件、压板、衬垫等零部件在压床（如图4-2所示）上叠放好，然后加压、打包，使心子达到要求的尺寸，心子压装必须在净化室内进行。

（四）心子引线

焊接包括元件端面焊接、熔丝与元件焊接（内熔丝产品）、熔丝与连接片焊接（如图4-3所示）。在元件端面焊接的部位（如图4-4所示），还需焊上连接铜带，确保连接牢靠，导电性能良好。焊接完毕应清除金属焊料屑及助焊剂残留。对于完成焊接的心子应进行电容及电阻值检测，确保加工准确。

图4-2　压床

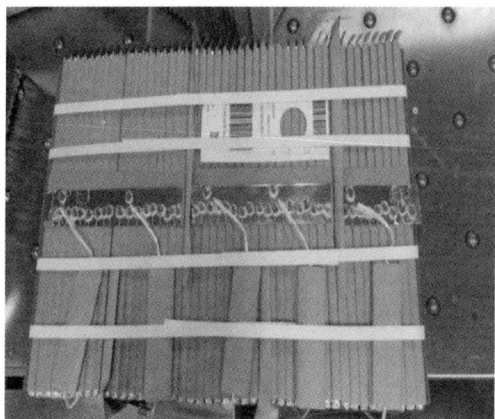

图4-3　熔丝与连接片焊接

图4-4　元件端面焊接

（五）装配

心子引线完毕后须立即进行装配，以防吸潮和积尘。箱壳清洗完毕后也应立即送入净化间用于装配，避免黏附尘埃和生锈。心子装入外壳后，应进行电容及电阻值检测，以检查装配过程中元件、电阻及电气连接有无损坏。装配示意图如图4-5所示。

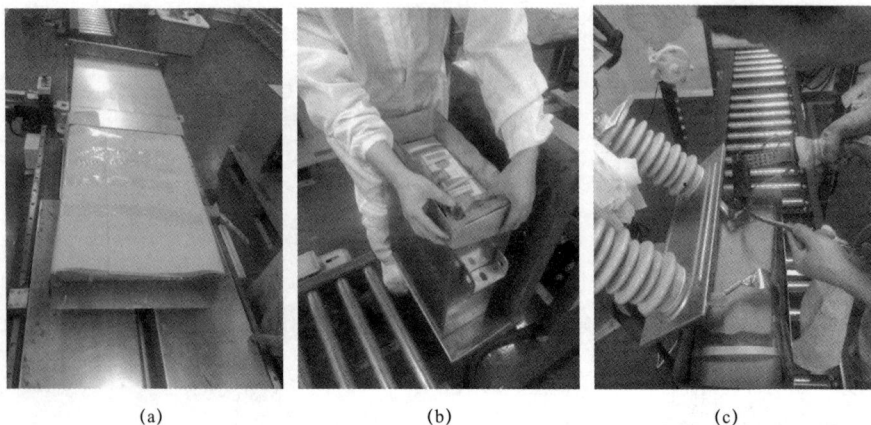

| (a) | (b) | (c) |

图 4－5　装配示意图

（六）箱体焊接

箱盖、底均焊缝光滑、密封性能好，焊接强度高。一体式滚装套管装配前应进行水中试漏；成品应进行密封性能检测。

（七）真空干燥浸渍处理

产品在真空罐内进行加热、抽真空及注油处理。完成注油的产品按照工艺要求带油进行封口。浸渍剂注入电容器前需进行微水及损耗等测量，确保产品性能。

第九节　500kV 高压并联电抗器（含中性点电抗器）

一、500kV 高压并联电抗器关键性能指标

（一）使用寿命

电抗器本体寿命不少于 40 年，除干燥剂外至少 6 年内免维护。

投标方提供设备的性能应满足或优于此项。

评标专家可查阅"电抗器（含关键组部件）的寿命分析报告"或"典型绝缘材料的老化特性分析报告"。

（二）绝缘水平

绝缘水平包括雷电全波冲击电压、雷电截波冲击电压、操作冲击电压和短时工频耐受电压，试验参数应满足技术规范书要求，且与"标准技术特性参数表"中投标人响应值一致。

投标方提供设备的性能应满足或优于此项。

评标专家可查阅"投标产品的相关试验报告"为标题的专用章节。

（三）温升限值

投标方应提供线圈最热点位置及最热点温升数据，并应提供最热点温升的直测试验报告或者仿真计算报告，温升限值应满足"标准技术特性参数表"的要求。

投标人提供设备的性能应满足此项。

评标专家可查阅"技术规范书专用部分"标准技术参数表章节。

（四）电抗值

通过实测，电抗器的电抗值及其偏差应满足技术规范书所规定的数值和投标方响应值。投标人提供设备的性能应满足此项。

评标专家可查阅"技术规范书专用部分"标准技术参数表章节。

（五）损耗要求

通过实测，电抗器的损耗不应超过技术规范书所规定的数值和投标方响应值，不接受正偏差。

投标人提供设备的性能应满足此项。

评标专家可查阅"技术规范书专用部分"标准技术参数表章节。

（六）伏安特性

1.5 倍额定电压及以下应基本为线性，即 1.5 倍额定电压下的电抗值不低于 1.0 倍额定电压时电抗值的 5%，1.4 倍额定电压与 1.7 倍额定电压两点连线的斜率不应低于线性部分斜率的 50%。

投标人提供设备的性能应满足此项。

评标专家可查阅"技术规范书专用部分"标准技术参数表章节。

（七）局部放电

套管的局部放电量应在 U_m 下进行测量：500kV 电压等级套管局部放电量应不大于 5pC，110kV 和 66kV 电压等级套管局部放电量应不大于 10pC。

投标方提供设备的性能应满足或优于此项。

评标专家可查阅"技术规范书专用部分"标准技术参数表章节。

（八）抗直流偏磁能力

电抗器应能耐受不小于 10A 的直流偏磁。在长时间最大直流偏磁（如果存在）作用下，电抗器铁芯和绕组温升、振动等不超过本技术规范的规定值，电抗器油色谱分析结果正常，噪声声压级增加值≤5dB。

投标方提供设备的性能应满足或优于此项。

评标专家可查阅"技术规范书专用部分"标准技术参数表章节。

（九）电抗器噪声要求

电抗器额定电压运行下的声级水平不大于 73dB（声压级）。

投标方提供设备的性能应满足或优于此项。

评标专家可查阅"技术规范书专用部分"标准技术参数表章节。

二、500kV 高压并联电抗器关键部件

（一）铁芯

应选用同一批次的优质、低损耗的冷轧晶粒取向硅钢片；铁芯与夹件接地引线分别通过油箱接地小套管引至油箱外部靠近地面接地点，套管端部采用软导线连接至接地铜排，接地引线采用铜质材料，接地铜排截面应满足短路电流要求，且应便于电抗器运行中用钳形电流表测量铁芯接地电流。

投标人提供设备的性能应满足此项。

评标专家可查阅"投标产品的相关试验报告"为标题的专用章节。

（二）绕组

同一电压等级的绕组采用同一厂家、同一批次的导线绕制；500kV 并联

电抗器绕组均采用漆包线；绕组设计应使电流和温度沿绕组均匀分布，使绕组在承受全波和截波冲击试验时得到最佳的电压分布。

投标人提供设备的性能应满足此项。

评标专家可查阅"投标产品的相关试验报告"为标题的专用章节。

（三）冷却装置

电抗器采用 ONAN 冷却方式，冷却装置数量及冷却能力应能散去总损耗及辅助装置中的损耗所产生的热量，片式散热器采用热镀锌材料，壁厚不小于 1.0mm。散热器不宜与防火墙垂直。

投标人提供设备的性能应满足此项。

评标专家可查阅"投标产品的相关试验报告"为标题的专用章节。

（四）电抗器套管

套管应选用油纸电容型，套管尺寸和技术参数要求应满足"技术规范书通用部分"的规定。高压套管均压环应独立安装，不应与套管顶部密封件共用密封螺栓。

投标方提供设备的性能应满足或优于此项。

评标专家可查阅"投标产品的相关试验报告"为标题的专用章节。

（五）套管电流互感器

套管电流互感器技术参数应满足技术规范书专用部分的技术参数表，且做以下补充要求：

套管电流互感器二次引出线芯柱必须是一体浇注成型，导电杆直径不小于 8mm，并应有防转动措施。

电流互感器测量准确级均要求做到 0.5S，保护准确级均要求做到 5P20。

投标人提供设备的性能应满足此项。

评标专家可查阅"投标产品的相关试验报告"为标题的专用章节。

（六）油箱

电抗器油箱应采用高强度钢板焊接而成，油箱内部应根据需要合理布置磁屏蔽措施，以减小杂散损耗；油箱顶部不采用圆弧顶结构，应在电抗器合适位置设置 1～2 个人孔，便于进箱检查电抗器全部部件；为攀登油箱顶盖，应设置一只带有护板可上锁的爬梯；电抗器除箱沿外，所用橡胶密封件应选用以丙烯酸酯或氟橡胶为主体材料的密封件，密封件寿命不低于15 年。

投标方提供设备的性能应满足或优于此项。

评标专家可查阅"投标产品的相关试验报告"为标题的专用章节。

（七）储油柜

电抗器本体储油柜应采用胶囊式储油柜，胶囊使用寿命应不低于 15 年；储油柜应配有盘形油位计、压力式油位计或拉带式油位计；电抗器户外安装时储油柜油位计应配置不锈钢或其他耐腐蚀材质防雨罩，且不妨碍运行观察；油位计宜表示电抗器未投入运行时，相当于油温为－10、+20℃和+40℃三个油面标志。

投标方提供设备的性能应满足或优于此项。

评标专家可查阅"投标产品的相关试验报告"为标题的专用章节。

（八）保护和监测

户外用气体继电器、温度指示器、油位计、速动油压继电器等保护监测装置应配置不锈钢或其他耐腐蚀材质防雨罩，二次接点数量应满足变压器技术规范通用部分要求。

气体继电器应采用浮筒（球）挡板式结构。压力释放阀应有专用释放管道，与油箱间应装设阀门，并具有明显的常开标识。

投标方提供设备的性能应满足或优于此项。

评标专家可查阅"投标产品的相关试验报告"为标题的专用章节。

三、500kV 高压并联电抗器关键工艺

（一）设备安装使用说明书

投标人应提供对应应标电抗器设备型号的安装使用说明书。

（二）设备维护检修手册

投标人应提供按规定模板编制的对应应标电抗器设备型号的维护检修

手册。

（三）油箱加工

油箱内部金属件尖角棱边应全部加工、打磨为光滑圆角以改善接地电场。焊缝应无气孔、夹渣、裂纹、咬边等焊接缺陷，焊缝不允许有渗漏。油箱及附件环境腐蚀级别按照 C4（ISO 12944-2：2017 腐蚀环境分类表 1）执行，油漆附着力≥5MPa。

投标人应提供油箱油漆的质量检测报告、油箱整体试漏的试验报告。

（四）绝缘件加工

绝缘件加工车间温度保持 10～30℃，湿度≤70%，降尘量≤30mg/（m²·日）；所有绝缘件边角需进行倒角处理，加工面应光洁无尖角毛刺；线圈撑条应采用机加工铣削方式制造，应在层压之后再加工成型；500kV 高压并联电抗器重点部位使用的成型件应经过 X 光检测，确保无金属颗粒。

（五）铁芯和铁芯饼加工

铁芯加工环境温度 8～32℃，湿度≤70%，降尘量≤30mg/（m²·日）；

硅钢片剪切毛刺控制在 0.02mm 以下；硅钢带剪切 S 弯在 0.2mm/2m之内。

（六）线圈制造

线圈绕制环境温度 8～32℃，湿度≤70%，降尘量≤20mg/（m²·日）；

500kV 高压并联电抗器线圈绕制应采用带轴、幅向拉（压）紧装置的卧绕机或带导线拉紧装置的立绕机进行绕制。

线圈换位采用液压换位器或专用的换位工装，保证 S 弯的外形质量，无剪刀差，导线匝绝缘不得有损伤。

线圈宜采用恒压干燥处理，恒压干燥的压力按照线圈的计算短路力控制，自粘换位导线应采用逐步加压的方式。

（七）器身装配

环境温度 8～32℃，湿度≤70%；降尘量≤20mg/（m²·日）；各线圈的垫块及撑条中心与下部垫块中心的偏差应≤2mm，撑条安装垂直度≤2‰，撑条间距偏差±5mm 内；引线冷压连接时采用工艺要求匹配的冷压工具及模具，应采用带窥视孔的线耳或接管，压接线应剪齐后再进行压接；引线装配应有减小调压引线对调压开关造成损坏的措施，引线接头应进行均匀电场处理。

（八）总装配

环境温度 8～32℃，湿度≤70%；作业区降尘量≤15mg/（m²·日）；密封件中心应对正法兰中心，需对称均匀紧固螺栓，密封件压缩量应为 25%～30%；器身不能在出炉环境湿度大于 80%的情况下出炉；电抗器器身暴露在空气中的时间：相对湿度不大于 65%为 16h，相对湿度不大于 75%为 12h。

第十节　500kV 限流电抗器

一、500kV 限流电抗器关键性能指标

（一）使用寿命

使用寿命应不小于 30 年。

投标方提供设备的性能应满足或优于此项。

评标专家可查阅"投标产品的相关试验报告"或"其他的技术资料"为标题的专用章节。

（二）温升要求

对于温升试验，并联电抗器应在最高运行电压下测量，串联电抗器应在 1.35 倍额定电流下测量，限流电抗器应在额定持续电流下测量。

投标方应对同一批次、同一型号的产品进行抽检试验，且每个包封至少布置 2 个测温点。投标方应提供线圈最热点位置及最热点温升数据，并应提供最热点温升的实测试验报告或者仿真计算报告。具体罚款要求见招标商务部分。

投标方提供设备的性能应满足或优于此项。

评标专家可查阅"投标产品的相关试验报告"为标题的专用章节。

（三）损耗要求

损耗测量应按 GB/T 1094.6《电力变压器 第 6 部分：电抗器》进行。限流电抗器试验结果应校准到参考温度 120℃。结果应满足技术规范书专用部分表 2.2 的要求。

投标人提供设备的性能应满足此项。

评标专家可查阅"投标产品的相关试验报告"为标题的专用章节。

（四）噪声要求

测量点距离电抗器基准发射面 3m（计算结果折算到 2m），绕组高度的 1/3 和 2/3 处分别测量，对噪声实测结果的要求详见专用条款。

投标人提供设备的性能应满足此项。

评标专家可查阅"投标产品的相关试验报告"为标题的专用章节。

（五）抗短路能力

限流电抗器应能承受额定热短路电流、额定机械短路电流和线路重合闸对设备的冲击，各部位无损坏和明显变形，且环境温度 40℃下，短路后绕组的最热点温度应小于 180℃。短路故障的间隔时间最少为 6h。限流电抗器生产厂家应提供不低于所投标电抗器容量的短路电流试验报告。

投标人提供设备的性能应满足，500kV 限流电抗器应提供试验或计算报告。

评标专家可查阅"投标产品的相关试验报告"为标题的专用章节。

（六）燃烧性能等级

材料燃烧性能等级应达到 F0 及以上。厂家应提供燃烧性能等级试验报告。

投标方提供设备的性能应满足或优于此项。

评标专家可查阅"投标产品的相关试验报告"为标题的专用章节。

（七）无线电干扰水平

在 1.1 倍最高运行电压下试验，电抗器与电网连接的外部件表面在晴天的夜间不应有可见电晕，无线电干扰水平不大于 500μV（适用于 500kV 限流电抗器）。

投标方提供设备的性能应满足或优于此项。

评标专家可查阅"投标产品的相关试验报告"为标题的专用章节。

（八）工频磁场水平

在额定频率、额定电流下，距离电抗器中心轴线水平距离 2.5 倍电抗器直径、地面高度 1.5m 处的工频磁场感应强度应小于 500μT（适用于 500kV 限流电抗器）。

投标方提供设备的性能应满足或优于此项。

评标专家可查阅"投标产品的相关试验报告"为标题的专用章节。

二、500kV 限流电抗器关键部件

（一）防雨罩

要求 500kV 限流电抗器应加装防雨罩，且防雨罩为阻燃材料。

投标人提供设备的性能应满足此项。

评标专家可查阅"投标产品的相关试验报告"为标题的专用章节。

（二）支撑绝缘子

（1）颜色为棕色、型式为实心棒状、非磁性的户外型瓷支撑绝缘子。

（2）支撑绝缘子的瓷件和法兰应无损伤和裂纹，瓷件与法兰的结合面应涂有防水密封胶。

（3）支撑绝缘子应符合 GB/T 8287.1《标称电压高于 1000V 系统用户内和户外支柱绝缘子　第 1 部分：瓷或玻璃绝缘子的试验》及 GB/T 8287.2《标称电压高于 1000V 系统用户内和户外支柱绝缘子　第 2 部分：尺寸与特性》的规定。

（4）抗弯强度和抗扭强度应满足工程使用条件（抗风、抗震等）要求。

（5）连接螺栓及位于磁场较强区域的绝缘子法兰应采用非磁性材料。

投标方提供设备的性能应满足或优于此项。

评标专家可查阅"投标产品的相关试验报告"为标题的专用章节。

（三）接地要求

（1）支撑绝缘子的金属底座接地连接线，应采用放射形或开口环形。

（2）高支架接地线统一要求裸露在外，并使用铜质材料，地线截面积应满足接地要求。

（3）接地线的其他要求应符合 GB/T 50065《交流电气装置的接地设计规范》的规定。

投标方提供设备的性能应满足此项。

三、500kV 限流电抗器关键工艺

（一）气道宽度

35kV 并联电抗器、500kV 限流电抗器不宜小于 25mm。

（二）引拔棒

应采取紧固措施，在运行中不应出现松动、移位、脱落现象。

（三）均压装置

应配置均压装置，以保证电场均匀。

（四）电抗器外表面

应喷涂 RTV－Ⅱ，以防止绝缘受潮和开裂，同时应保证喷涂的 RTV－Ⅱ涂料在 7 年内不得脱落。

绕组外表面应加包玻璃钢外护层，表面不得存在起毛（絮状或起团）、流挂、开裂、缝隙等现象。

（五）匝间绝缘材料

应选用聚酰亚胺膜，并满足 GB/T 13542.6《电气绝缘用薄膜　第 6 部分：电气绝缘用聚酰亚胺薄膜》的要求，厂家应提供原材料出厂试验检测报告。

（六）电抗器包封

包封应无开裂、无缝隙，并不应出现流挂现象。所选用的绝缘材料应满足 F 级及以上绝缘耐热性能。环氧树脂应选用 GB/T 13657《双酚 A 型环氧树脂》中规定的 EP01441310 型优等品（环氧当量为 183～194g/eq，氯离子含量＜0.1%，黏度 11 000～16 000MPa·s 等）。厂家应提供原材料的出厂试验检测报告。

（七）全绝缘换位导线线

线圈绕制环境湿度≤75%，降尘量≤20mg/（m^2·日）。

应选用全绝缘换位导线，厂家应提供原材料的出厂试验检测报告。

宜采用湿法绕制。电抗器每层导线应采用定长导线连续绕制，不允许有接头。

（八）汇流排线

各汇流排等分度的偏差应控制在工艺范围内。导线与汇流排焊接表面处理光滑、无尖角毛刺电抗器汇流环应采取相关措施以降低涡流发热。

第五章

500kV 及以上直流线路材料

第一节　直　流　线　材

一、直流线材关键性能指标

（一）设计寿命

工程使用导地线必须是全新的、耐用的，满足作为一个完整产品一般所能满足的全部要求，应保证导地线设计寿命 30 年。

投标方提供设备的性能应满足或优于此项。

评标专家可查阅"投标产品的相关试验报告"或"其他的技术资料"为标题的专用章节。

（二）型式试验

型式试验用于检验导线的主要性能，其性能主要取决于导线的设计。对于新设计的导线或用新的生产工艺生产的导线，试验只做一次，并且仅当其设计或生产工艺改变之后试验才重做。

型式试验只在符合所有有关抽样试验要求的导线上进行。型式试验项目包括单线性能、绞线额定抗拉力、弹性模量、直流电阻、节径比、单位长度质量、应力—应变曲线、蠕变曲线、线膨胀系数、载流量、振动疲劳性能、紧密度、平整度、电晕及无线电干扰试验等项目。

投标方提供设备的性能应满足或优于此项。

评标专家可查阅"投标产品的相关试验报告"或"其他的技术资料"为标题的专用章节。

（三）抽样试验

抽样试验用于保证导线质量及符合本标准的要求。抽样试验项目包括单丝及绞线外观检查、结构尺寸、材料及性能及其他特殊试验等。

投标方提供设备的性能应满足或优于此项。

评标专家可查阅"投标产品的相关试验报告"或"其他的技术资料"为标题的专用章节。

二、直流线材关键部件

钢芯铝合金绞线绞合导线应由铝合金线、圆镀锌钢线单线绞制而成，绞合前的所有单线应具有按技术规范书相应要求的性能。

铝包钢芯铝绞线绞合导线应由圆硬铝线、圆铝包钢线绞制而成，绞合前的所有单线应具有按技术规范书相应要求的性能。

铝包钢绞线绞合导线应由圆铝包钢线单线绞制而成，绞合前的所有单线应具有按技术规范书相应要求的性能。

投标方提供设备的性能应满足或优于此项。

评标专家可查阅"投标产品的相关试验报告"为标题的专用章节。

导线、地线结构应满足 GB/T 1179《圆线同心绞架空导线》及相关标准要求，导线尺寸可从 GB/T 1179 及相关标准推荐的导线尺寸中选择。现有的或已设计好的架空线路用导线及本标准未包括的尺寸和结构，可以根据供需双方的协议进行设计和提供，并符合本标准的有关要求。

投标方提供设备的性能应满足或优于此项。

评标专家可查阅"投标产品的相关试验报告"为标题的专用章节。

成品绞线表面应光洁，绞合应均匀、紧密。所有绞线均应满足张力架线施工的要求，在架线过程中，线股表面不得出现松股、灯笼等现象。

投标方提供设备的性能应满足或优于此项。

评标专家可查阅"投标产品的相关试验报告"为标题的专用章节。

三、直流线材关键工艺

（一）绞制

导线的所有单线应同心绞合。钢芯铝绞线、铝包钢芯铝绞线、铝包钢绞线导线绞合节径比分别见表 5-1～表 5-3。相邻层的绞向应相反，除非需方在订货时有特别说明，最外层绞向应为"右向"。每层单线应均匀紧密地绞合在下层中心线芯或内绞层上。

表 5-1　　　　钢芯铝绞线绞合节径比

结构元件	绞层	节径比
钢芯	6 根层	16～26
	12 根层	14～22
铝绞层	外层	10～14
	内层	10～16

表 5-2　　　　铝包钢芯铝绞线绞合节径比

结构元件	绞层	节径比
铝包钢芯	6 根层	16～26
	12 根层	14～22
铝绞层	外层	10～12
	内层	10～16

表 5-3　　　　铝包钢绞线导线绞合节径比

结构元件	绞层	节径比
铝包钢绞线	内层	10～16
	外层	10～16

（二）接头

绞制过程中，单根或多根钢线均不应有任何接头。

每根制造长度的导线不应使用多于 1 根有接头的成品铝线。

绞制过程中不应有为了要达到要求的导线长度而制作的铝（铝合金）线接头。

在绞制过程中，导线外层不允许有接头，内层铝线若意外断裂，只要这种断裂既不是由单线内在缺陷，也不是因为使用短长度铝（铝合金）线所致，则铝（铝合金）线允许有接头。接头应与原单线的几何形状一致，例如接头应修光，使其直径等于原单线的直径，而且不应弯折。

铝（铝合金）导线的接头应不超过表 5-4 的规定值。在同一根单线上或整根导线中，任何两个接头间的距离应不小于 15m。

表 5-4　　　　　　　　铝（铝合金）导线允许的接头数

铝（铝合金）绞层数目	制造长度允许接头数	铝（铝合金）绞层数目	制造长度允许接头数
1	0	3	3
2	2	4	4

（三）线密度——单位长度质量

各种尺寸和绞合结构的导线单位长度质量规定应满足 GB/T 1179 的要求，并按 GB/T 1179 的要求的铝（铝合金）线和钢线密度、绞合增量及以理论非圆直径为基础的铝和钢线截面积进行计算。

按照平均节径比绞制而引起的质量和电阻增量（百分数）应满足 GB/T 1179 的要求。

当导线有涂料时，涂料的标称重量应按 GB/T 1179 的要求进行计算。

（四）导线拉断力

钢芯铝合金绞线的额定拉断力应为铝合金部分的拉断力与对应铝合金部分在断裂负荷下钢部分伸长时的拉力的总和。为规范及实用起见，钢部分的拉断力偏安全地规定为：按 250mm 标距，1%伸长时的应力来确定。

铝包钢芯铝绞线的额定拉断力应为铝部分的拉断力与对应铝部分在断裂负荷下铝包钢部分伸长时的拉力的总和。为规范及实用起见，铝包钢部分的拉断力偏安全地规定为：按 250mm 标距，1%伸长时的应力来确定。

单一铝包钢绞线的额定拉断力应为所有单线最小拉断力的总和。

任何单线的拉断力为其标称截面积与对应标准规定的单线最小抗拉强

度的乘积。

（五）直流电阻

铝与铝包钢线的组合导线的直流电阻计算，铝包钢线加强芯中铝包层的电导仍计算在内。绞线直流电阻应满足 GB/T 1179 要求。

铝包钢绞线直流电阻应满足 GB/T 1179 要求，直流电阻按 GB/T 17937《电工用铝包钢线》有关的电阻率来计算。

铝合金与钢线的组合导线的直流电阻计算，忽略钢线的电导率。绞线直流电阻应满足 GB/T 1179 要求。

第二节 直 流 塔 材

一、直流塔材关键性能指标

（一）使用寿命

铁塔制造应符合国家和行业现行标准及按规定程序批准的技术要求。在正常使用条件下，保证使用寿命 30 年以上。

投标方提供设备的性能应满足或优于此项。

评标专家可查阅"投标产品的相关试验报告"或"其他的技术资料"为标题的专用章节。

（二）试验

±500kV 架空送电线路角钢塔、钢管塔应进行抽样试验；新型钢管塔应进行真型试验。具体的检验项目和试验方法应与引用的 IEC、国家及行业标准及技术规范书的要求一致。

技术规范中的试验要求与相应电压等级国家标准的要求不一致时，按较严标准执行。

投标方提供设备的性能应满足或优于此项。

评标专家可查阅"投标产品的相关试验报告"或"其他的技术资料"为标题的专用章节。

（三）抽样试验

抽样试验用于使用前或生产过程中杆塔的批量制造质量、材料质量的检验。试验构件应从杆塔产品中随机抽取。抽样试验应根据委托方所提供的技术要求进行。

投标方提供设备的性能应满足或优于此项。

评标专家可查阅"投标产品的相关试验报告"或"其他的技术资料"为标题的专用章节。

（四）真型试验

试验项目、方法和要求应符合 DL/T 899《架空线路杆塔结构荷载试验》规定。

投标方提供设备的性能应满足或优于此项。

评标专家可查阅"投标产品的相关试验报告"或"其他的技术资料"为标题的专用章节。

二、直流塔材关键部件

所有杆塔结构的钢材均应满足不低于 B 级钢的质量要求。钢材宜采用 Q235、Q345、Q420，有条件时可采用 Q460 及以上钢材。

钢材的化学成分和力学性能应分别符合 GB/T 700《碳素结构钢》和 GB/T 1591《低合金高强度结构钢》的规定。

投标方提供设备的性能应满足或优于此项。

评标专家可查阅"投标产品的相关试验报告"为标题的专用章节。

热浸镀锌螺栓的材质及机械性能应符合 GB/T 3098.1《紧固件机械性能 螺栓、螺钉和螺柱》和 DL/T 284《输电线路杆塔及电力金具用热浸镀锌螺栓与螺母》的要求。热浸镀锌螺母的材质及机械性能应符合 GB/T 3098.2《紧固件机械性能螺母》和 DL/T 284 的要求。

投标方提供设备的性能应满足或优于此项。

评标专家可查阅"投标产品的相关试验报告"为标题的专用章节。

钢材的化学成分和力学性能应满足现行国家标准的要求。钢材应具有抗拉强度、伸长率、屈服强度和硫、磷含量的合格保证。

投标方提供设备的性能应满足或优于此项。

评标专家可查阅"投标产品的相关试验报告"为标题的专用章节。

角钢、钢板尺寸、角钢截面、钢板厚度存在负偏差的抽检产品数量不超过所有抽检产品数量的 50%。

投标方提供设备的性能应满足或优于此项。

评标专家可查阅"投标产品的相关试验报告"为标题的专用章节。

角钢表面不允许有裂纹、折叠、结疤、分层、夹渣缺陷，角钢表面局部缺陷如麻面、凹坑、压痕、刮痕等，深度不能超过 0.3mm，凸起缺陷高度不超过 1.0mm，而且不得使角钢超出允许偏差的 1/2；角钢内外表面麻面的面积之和不得超过角钢内外总面积的 8%。

投标方提供设备的性能应满足或优于此项。

评标专家可查阅"投标产品的相关试验报告"为标题的专用章节。

钢管在镀锌后的外径不允许负偏差，壁厚的允许偏差为 –1.2%。无缝钢管外径允许偏差+1%。

投标方提供设备的性能应满足或优于此项。

评标专家可查阅"投标产品的相关试验报告"为标题的专用章节。

铁塔供应商必须对其进厂原材料进行复检。钢材的复检比例及复检项目应符合 GB/T 1591《低合金高强度结构钢》的要求，紧固件的复检比例及复检项目应符合 DL/T 284《500kV 干式空心限流电抗器使用导则》的要求。对于 Q420C 材料的进厂复检，还应进行 0℃冲击试验，其化学成分 S、P 的含量也应满足 GB/T 1591 的要求。

投标方提供设备的性能应满足或优于此项。

评标专家可查阅"投标产品的相关试验报告"为标题的专用章节。

三、直流塔材关键工艺

（一）切断技术要求

钢材的切断（机械剪切和火焰切割的统称），应优先采用机械剪切，其次应采用自动、半自动和手工火焰切割。对可能出现应力集中的尖角部位，应采取圆弧过渡工艺措施，防止应力集中产生。

钢材切断后，其断口处不得有裂纹和大于 1.0mm 的边缘缺棱，并应清除剪切的毛刺或切割的熔瘤、飞溅物等。切断处切割面平面度为 0.05t（t 为厚度）且不大于 2.0mm，割纹深度不大于 0.3mm，局部缺口深度允许偏差 1.0mm。钢材的切断允许偏差见表 5-5。

表 5-5　　　　　　　　　　钢材的切断允许偏差

项目	允许偏差（mm）	示意图
基本尺寸： 长度 L 或宽度 b	±2.0	
端部垂直度 t	±（2b/100） 且＜±3.0	
切断面垂直度 P	±（S/8） 且＜±3.0	

（二）制弯技术要求

零件的制弯，应根据设计文件和施工图规定采用冷弯（宜在室温下）或热弯（加热温度应控制在 900～1000℃）；但不得以氧—乙炔割炬、割嘴烘烤等不均匀加热制弯。碳素结构钢和低合金结构钢在温度分别下降到 700℃ 和 800℃ 之前，应结束加工；低合金结构钢应自然冷却。

零件制弯后，钢材的边缘应圆滑过渡，表面不应有明显的褶皱、凹面和损伤，表面划痕深度不宜大于 0.5mm。零件制弯的允许偏差见表 5-6。

表 5-6　　　　　　　　　　零件制弯的允许偏差

项目	允许偏差（mm）	示意图
曲点（线）偏移Δ	±2.0	

续表

项目				允许偏差（mm）	示意图
制弯度 f	钢板			±（5L/1000）	
	角钢边宽 b（mm）	非接续角钢	$b≤50$	±（7L/1000）	
			$50<b≤100$	±（5L/1000）	
			$100<b≤200$	±（3L/1000）	
	接续角钢不论 b 大小			±（1.5L/1000）	

（三）制孔技术要求

对所有挂线孔，以及对 Q235 材质厚度 $h>16$mm、对 Q345 材质厚度 $h>14$mm、对 Q420 材质厚度 $h>12$mm 和 Q460 材质的钢材，制孔方法为钻制。严格控制制孔工艺，不应出现错孔、漏孔，严禁补孔。螺栓及螺栓孔的直径标准见表 5-7。

表 5-7　　　　　　　　螺栓及螺栓孔的直径

项目				螺纹规格			示意图
				M16	M20	M24	
螺栓	无螺纹杆部直径 d_s	公称直径 d		16	20	24	
		镀前	max	16.2	20.3	24.3	
			min	15.5	19.46	23.46	
		镀后	max	16.32	20.42	24.42	
			min	15.62	19.58	23.58	
螺栓孔	公称直径 D			17.5	21.5	25.5	
	公差			+0.5	+0.5	+0.8	

（四）清根、铲背和开坡口技术要求

清根、铲背和开坡口允许偏差如表 5-8 所示。

表 5-8　　　　　　　　清根、铲背和开坡口的允许偏差

项目		允许偏差（mm）	示意图
清根Δ	$6<d≤10$	+0.8 −0.4	
	$10<d≤16$	+1.2 −0.4	
	$d>16$	+2.0 −0.6	

续表

项目		允许偏差（mm）	示意图
角钢铲背圆弧半径 R_1		+2.0 0	$R_1 = R + 2$ R为外包角钢的内圆弧半径
开坡口	开角 α	$\pm 5°$	
	钝边 c	± 1.0	

（五）焊接连接组装技术要求

组装前，连接表面及沿焊缝每边 30～50mm 范围内的铁锈、毛刺和油污等必须清除干净。定位点焊用的焊条型号、质量要求及工艺措施应与正式焊接要求相同，点焊高度不宜超过设计焊缝高度的 2/3，并应由有合格证的工人担任。

焊接连接组装的允许偏差，按表 5－9 规定。焊接连接组装的检验标准和其他技术要求，应按 GB/T 50205《钢结构工程施工质量验收标准》、GB/T 2694《输电线路铁塔制造技术条件》的规定。

表 5－9　　　　　　焊接连接组装的允许偏差

项目		允许偏差（mm）	示意图
重心 Z_0	主材	± 2.0	Z_0 L_d e
	辅材	± 2.5	
端距 L_d		± 3.0	Z_0
无孔节点板位移 e		± 3.0	Z_0

续表

项目		允许偏差 （mm）	示意图
跨焊缝的相邻两孔间距 L		±1.0	
搭接构件孔中心相对偏差 K		0.5	
搭接间隙 m	$b \leqslant 50$	1.0	
	$b > 50$	2.0	
T 接板倾斜 f	有孔	±2.0	
	无孔	±5.0	
T 接板位移 δ	有孔	±1.0	
	无孔	±5.0	

（六）成品矫正技术要求

矫正后的部件外观不应有明显的凹凸面和损伤，表面划痕深度不宜超过钢材厚度允许偏差值。

零部件冷矫正的曲率半径 $r \geqslant 90b$；弯曲矢高 $f \leqslant L_2/720b$（b 为角钢边宽，L 为弯曲弦长）。成品矫正允许偏差见表 5–10。

表 5–10　　　　　　　　　　成 品 矫 正 允 许 偏 差

项目			允许偏差（mm）	示意图
角钢顶端直角 正弦值 f	接头处	外置材	$+ （1.0b/100）$ 0	
		内置材	0 $- （1.0b/100）$	
	其他		$± （2b/100）$	

续表

项目			允许偏差（mm）	示意图
型钢及钢板平面内的挠曲 f	$b \leqslant 80$		$\pm（1.3L/1000）$	
	$b > 80$		$\pm（1.0L/1000）$	
焊接构件平面内挠曲 f	接点间挠曲	主材	$\pm（1.3L/1000）$	
		辅材	$\pm（1.5L/1000）$	
	整个平面挠曲		$\pm（L/1000）$	

（七）热浸镀锌要求

铁塔的所有零部件均采用热浸镀锌防腐（井筒在条件允许的情况下，应采用热镀锌防腐）。

热浸镀锌过程中应控制构件的变形，当超过规范要求时应进行矫正，矫正中若损坏镀锌层应重新镀锌。热浸锌层厚度要求见表 5−11。

表 5−11　　　　　　热 浸 锌 层 厚 度 要 求

制件及其厚度（mm）	最小厚度（μm）	平均厚度（μm）
钢件，$\geqslant 5$	$\geqslant 85$	$\geqslant 100$
钢件，< 5	$\geqslant 65$	$\geqslant 75$
紧固件，直径$\geqslant 20$	$\geqslant 50$	$\geqslant 60$
紧固件，直径< 20	$\geqslant 45$	$\geqslant 55$

用于热浸镀锌的锌浴主要应由熔融锌液构成。熔融锌中的杂质总含量（铁、锡除外）不应超过总质量的 1.5%，所指杂质见 GB/T 470《锌锭》的规定。

锌层的外观、均匀性和附着性应不低于 GB/T 2694 标准的要求。

（八）试拼与试装检查技术要求

零件、部件加工后，应按施工图进行试拼与试装检查。试拼检查是将束件各层所有的零件合拼一起，检查孔的位置正确性；试装检查是将一定单元（整塔或其分段）的零件、部件组装一起，检查其控制尺寸和安装适宜性。

（九）塔脚板制作

塔脚板四周应平整、光滑、无毛刺和裂纹。

塔座板上的靴板倾角应准确无误，在与塔身主材、斜材连接时不得有超过 2mm 的空隙。

脚钉、爬梯及休息平台应符合 DL/T 5442《输电线路杆塔制图和构造规定》、GB/T 50545《110kV～750kV 架空输电线路设计规范》的要求。

（十）警航漆

凡要求安装航空警示灯的高塔，塔身油红、白相间警告色，每段 6～8m。警航漆的涂刷要求在镀锌合格后出厂前完成，为两道底漆加一道面漆的涂层方案，每道涂层的厚度在 100μm 左右。在去脂和干燥时，锌层不应受到损坏。涂层应能经受 10 年以上而不损坏。

（十一）钢管技术要求

钢管塔钢管杆件宜采用直缝焊接钢管或无缝钢管，不宜采用螺旋焊管。对于建设在严寒地区输电线路工程，制造方应根据本技术规范或施工图的要求，在材料采购、选择和制造中使用防低温脆断钢种和焊接材料，不得使用沸腾钢。

钢管和钢板：钢管塔的主要钢材一般为 Q235B 和 Q345B 钢，一部分小口径 Q235B 钢管可用 20 号优质碳素结构钢的无缝钢管或高频焊管。这些钢材的材质钢号均在各张施工图的材料表中注明，未注明材质均使用 Q235B 钢。

（十二）地脚螺栓

地脚螺栓的材质应符合施工图纸的要求，所有材料应具有出厂质量合格证明书。钢材的化学成分和力学性能应符合 GB/T 699《优质碳素结构钢》、GB/T 3077《合金结构钢》、GB/T 700《碳素结构钢》和 GB/T 1591 的规定。

地脚螺栓为普通螺栓，螺纹加工按 GB/T 192，螺距取粗牙值；螺栓加工精度 C 级按 GB/T 5780《六角头螺栓全螺纹 C 级》；螺母加工精度 C 级按 GB/T 41

《六角螺母 C 级》。

螺栓、螺母的材质及机械性能应分别符合 GB/T 3098.1《紧固件机械性能螺栓螺钉和螺柱》和 GB/T 3098.2《紧固件机械性能螺母粗牙螺纹》的规定。

第三节　±500kV 直流电力电缆

一、±500kV 直流电力电缆关键性能指标

（一）使用寿命

直流海底电缆应具有导体、导体屏蔽层、绝缘层、绝缘屏蔽层、金属护套、PE 内护套、光纤单元铠装层、外被层等主要结构层，并采用纵向阻水结构。

直流地下电缆具有导体、导体屏蔽层、绝缘层、绝缘屏蔽层、金属屏蔽层、聚合物护套等主要结构层，并采用纵向阻水结构。

内外护套及结构应根据现场环境条件及敷设情况设计。电缆需具备防水、防腐蚀、防盐雾、防地震等特性，并能够在该恶劣条件下安全、可靠地工作 30 年以上。

投标方提供设备的性能应满足或优于此项。

评标专家可查阅"投标产品的相关试验报告"或"其他的技术资料"为标题的专用章节。

（二）绝缘试验

XLPE 电缆应开展型式试验、预鉴定试验、例行试验、抽样试验和竣工试验。具体的检验项目和试验方法应与引用的相应电压等级 XLPE 电缆的 IEC、国家及行业标准及技术规范书的要求一致。

投标方提供设备的性能应满足或优于此项。

评标专家可查阅"投标产品的相关试验报告"或"其他的技术资料"为标题的专用章节。

（三）型式试验

试验项目、方法和要求应符合 GB/T 22078.2—2008、GB/T 31489.1—2015

的规定。

投标方提供设备的性能应满足或优于此项。

评标专家可查阅"投标产品的相关试验报告"或"其他的技术资料"为标题的专用章节。

（四）预鉴定试验

试验项目、方法和要求应符合 IEC 662067《额定电压 150kV（U_m=170kV）以上至 500kV（U_m=500kV）的挤包绝缘电力电缆及其附件　试验方法和要求》、GB/T 22078.2—2008、和 GB/T 31489.1—2015 规定。

投标方提供设备的性能应满足或优于此项。

评标专家可查阅"投标产品的相关试验报告"或"其他的技术资料"为标题的专用章节。

（五）例行试验

试验范围：在所有制造电缆长度上进行。

试验项目、方法和要求应符合 IEC 662067、GB/T 22078.2—2008《额定电压 500kV（U_m=550kV）交联聚乙烯绝缘电力电缆及其附件　第 2 部分：额定电压 500kV（U_m=550kV）交联聚乙烯绝缘电力电缆》、GB/T 31489.1—2015《额定电压 500kV 及以下直流输电用挤包绝缘电力电缆系统　第 1 部分：试验方法和要求》、GB/T 2591.11《电缆和光缆绝缘和护套材料通用试验方法　第 11 部分：通用试验方法　厚度和外形尺寸测量　机械性能试验》的规定，且交流耐压试验后应进行局部放电试验。

下列试验应在每根制造长度电缆上进行：

（1）局部放电试验；

（2）电压试验；

（3）外保护套的电气试验；

（4）导体直流电阻试验。

投标方提供设备的性能应满足或优于此项。

评标专家可查阅"投标产品的相关试验报告"或"其他的技术资料"为标题的专用章节。

二、±500kV 直流电力电缆关键部件

导体的直流电阻，应按 GB/T 3048.4—2007《电线电缆电性能试验方法第 4 部分：导体直流电阻试验》试验，试验结果应符合 GB/T 3956—2008《电缆的导体》的规定。

导体应采用分割导体结构。

投标方提供设备的性能应满足或优于此项。

评标专家可查阅"投标产品的相关试验报告"为标题的专用章节。

导体屏蔽其厚度近似值为 2.5mm，其中挤包半导电层厚度近似值为 2.0mm（最小值不低于 1.5mm）。

投标方提供设备的性能应满足或优于此项。

评标专家可查阅"投标产品的相关试验报告"为标题的专用章节。

绝缘屏蔽厚度近似值为 1.0mm。

投标方提供设备的性能应满足或优于此项。

评标专家可查阅"投标产品的相关试验报告"为标题的专用章节。

绝缘层的标称厚度应符合 GB/T 22078—2008《额定电压 500kV（U_m＝550kV）交联聚乙烯绝缘电力电缆及其附件》、GB/T 31489《额定电压 500kV 及以下直流输电用挤包绝缘电力电缆系统》的规定，绝缘平均厚度与标称值应为正公差，其公差不大于其标称值的 10%。最小测量厚度应不小于标称值的 90%。

投标方提供设备的性能应满足或优于此项。

评标专家可查阅"投标产品的相关试验报告"为标题的专用章节。

绝缘偏心度不大于 8%，即

$$\frac{绝缘最大厚度 - 绝缘最小厚度}{绝缘最大厚度} \times 100\% \leqslant 8\%$$

其中：最大绝缘厚度和最小绝缘厚度为同一截面上的测量值。

投标方提供设备的性能应满足或优于此项。

评标专家可查阅"投标产品的相关试验报告"为标题的专用章节。

皱纹铝套和平铝套的厚度应符合 GB/T 22078—2008、GB/T 31489 的规定。铅套的最小厚度应不小于其标称厚度的 95%～0.1mm，皱纹铝套的最小厚度应不小于其标称厚度的 85%～0.1mm。

投标方提供设备的性能应满足或优于此项。

评标专家可查阅"投标产品的相关试验报告"为标题的专用章节。

非金属外护套的性能、厚度及绝缘水平应符合 GB/T 22078—2008、GB/T 31489 的规定。

隧道内电缆非金属外护套应采用低烟低卤或低烟无卤阻燃料，燃烧试验应取得具有国家相关试验资质的部门试验报告。

电缆的防蚁性能应满足 JB/T 10696.9—2011《电线电缆机械和理化性能试验方法　第 9 部分：白蚁试验》，根据蚁巢法达到 1 级蛀蚀等级，并提供国家权威机构出具的抗白蚁试验报告。

投标方提供设备的性能应满足或优于此项。

评标专家可查阅"投标产品的相关试验报告"为标题的专用章节。

设计与结构要求：

（1）电缆牵引头应压接在导体上，与金属套的密封优先采用焊接密封，密封性能良好，并能承受与电缆相同的敷设牵引力和侧压力。

（2）电缆内端头采用钢制或铝制封帽，与金属套的密封采用铅封或焊接密封，密封性能良好。

（3）牵引头与金属护套连接部位用防水密封套密封，牵引头的热缩套对牵引头和电缆的重叠长度分别不小于 200mm，在运输、储存、敷设过程中保证电缆密封不失效，电缆尾端应参考牵引头侧的密封方式进行密封。

投标人提供设备的性能应满足此项。

评标专家可查阅"投标产品的相关试验报告"或"其他的技术资料"为标题的专用章节。

三、±500kV 直流电力电缆关键工艺

投标人应提供对应应标交流电力电缆设备型号的技术资料和图纸，具体

包括：

（1）鉴定证书、型式试验报告及最新的国家技术监督局抽检报告。

（2）电缆断面图及结构尺寸（注明每部分厚度、外径及其公差）。

（3）电缆的规格说明（如：电性能参数、弯曲半径等）。

（4）牵引头和封帽的结构图。

（5）各类计算书（含依据的计算公式、有关参数选择和计算结果）。

持续（100%负荷率）运行载流量[计算应依循 IEC 62067《额定电压 150kV（U_m=170kV）以上至 500kV（U_m=550kV）挤出绝缘电力电缆及其附件的电力电缆系统——试验方法和要求》等公认标准方法]、短时过负荷曲线、电缆导体以及金属屏蔽（金属套）的短路热稳定校验、绝缘厚度的确定。

（6）绝缘的最小工频平均击穿场强和最小冲击平均击穿场强的试验报告。

（7）外护套防白蚁、阻燃的试验报告。

（8）原材料来源（含绝缘料、半导电料的供货商及其牌号）、性能指标和参数。

（9）电缆纵向阻水性能报告。

（10）供货记录。

XLPE 电缆应采用立塔干式（VCV）交联工艺生产，干法冷却，内、外半导电层与绝缘层必须三层共挤；三层共挤工艺完成后应进行充分去气。

绝缘材料应为进口超净化可交联聚乙烯料，其性能应符合 GB/T 2951—2008《电缆和光缆绝缘和护套材料通用试验方法》的规定。考虑材料的保存环境和保存要求，绝缘料从生产之日到使用不应超过半年。

绝缘材料直流击穿场强应不小于 200kV/mm（30℃）、150kV/mm（70℃）。

电缆绝缘与绝缘屏蔽界面及绝缘屏蔽表面，不应有微平面（横断面的圆割线）。XLPE 电缆横切面示意图如图 5-1 所示。

防水层应满足如下要求：

（1）径向防水层应采用铅套或金属铝套，或采用综合防水层。

（2）绝缘屏蔽与金属套间如有纵向阻水结构的，纵向阻水结构应由半导电阻水膨胀带绕包而成，半导电阻水带应绕包紧密、平整、无擦伤，其半导电电阻率应不大于绝缘屏蔽层的电阻率。电缆纵向阻水结构应能满足 GB/T 31489.1—2015 规定的透水试验要求，生产厂家应采取避免阻水材料在生产过程中吸潮的措施。绕包半导电缓冲阻水带工艺如图 5-2 所示。半导电阻水带电阻率过高时会引起放电烧蚀甚至击穿，如图 5-3 所示。

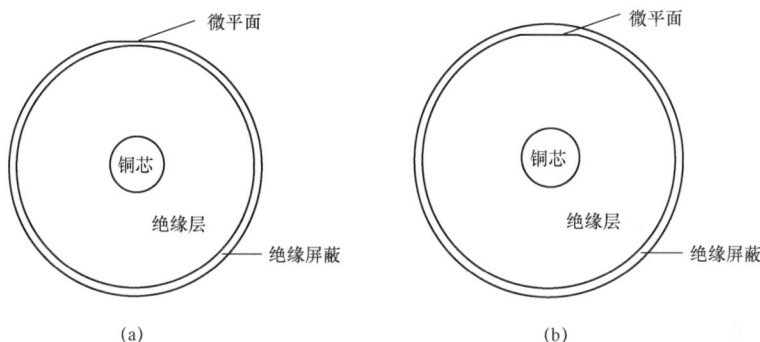

图 5-1　XLPE 电缆横切面示意图

（a）电缆绝缘与绝缘屏蔽界面之间的微平面；（b）绝缘屏蔽表面上的微平面

图 5-2　绕包半导电缓冲阻水带工艺

图 5-3　半导电阻水带电阻率过高时引起放电烧蚀甚至击穿

（3）阻水缓冲层应使绝缘半导电屏蔽层与金属屏蔽层电气相连接。

（4）阻水材料应与其相邻的其他材料相容。

第四节　±500kV 直流电力电缆附件

一、±500kV 直流电力电缆附件关键性能指标

（一）使用寿命

工程使用电力电缆附件必须是全新的、耐用的，满足作为一个完整产品一般所能满足的全部要求，应保证电力电缆附件设计寿命 30 年。

投标方提供设备的性能应满足或优于此项。

评标专家可查阅"投标产品的相关试验报告"或"其他的技术资料"为标题的专用章节。

（二）绝缘试验

XLPE 电缆附件应开展型式试验、预鉴定试验、例行试验、抽样试验和竣工试验。具体的检验项目和试验方法应与引用的相应电压等级 XLPE 电缆附件的 IEC、国家及行业标准、技术规范书的要求一致。

投标方提供设备的性能应满足或优于此项。

评标专家可查阅"投标产品的相关试验报告"或"其他的技术资料"为标题的专用章节。

（三）型式试验

试验项目、方法和要求应符合 GB/T 22078.3—2008、GB/T 31489.1—2015 规定。

投标方提供设备的性能应满足或优于此项。

评标专家可查阅"投标产品的相关试验报告"或"其他的技术资料"为标题的专用章节。

（四）预鉴定试验

试验项目、方法和要求应符合 IEC 62067、GB/T 22078.3—2008 和 GB/T

31489.1—2015 规定。

投标方提供设备的性能应满足或优于此项。

评标专家可查阅"投标产品的相关试验报告"或"其他的技术资料"为标题的专用章节。

（五）例行试验

例行试验项目、方法和要求应符合 GB/T 22078.3—2008 规定。具体要求如下。

（1）预制橡胶绝缘件的局部放电试验，试验电压应逐渐升到 $1.75U_0$ 并保持 10s，然后慢慢地降到 $1.5\ U_0$，在 $1.5\ U_0$ 下，被试品应无超过申明灵敏度的可检测的放电。

（2）预制橡胶绝缘件的电压试验，试验电压应施加在导体和金属屏蔽/金属套间逐渐地升到 $2U_0$，然后保持 60min。绝缘不应发生击穿。

预制橡胶绝缘件包括应力锥或整体预制的组合应力控制绝缘件。

（3）密封金具、瓷套、复合套管和真空套管的密封试验，经制造方和招标方同意，密封金具的密封试验可以采用检漏仪、压力泄漏试验、真空漏增试验等方式进行。

交流耐压试验后应进行局部放电试验。

投标方提供设备的性能应满足或优于此项。

评标专家可查阅"投标产品的相关试验报告"或"其他的技术资料"为标题的专用章节。

二、±500kV 直流电力电缆附件关键部件

电缆中间接头结构示意图如图 5-4 所示。电缆接头应为预制式（如图 5-5 所示）。冷缩式电缆接头如图 5-6 所示。

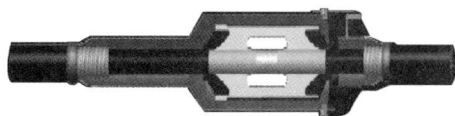

图 5-4　电缆中间接头结构示意图

图 5-5　预制式电缆接头（出厂时不扩径）

图 5-6　冷缩式电缆接头（有支撑条，主要用于 35kV 及以下电压等级）

投标方提供设备的性能应满足或优于此项。

评标专家可查阅"投标产品的相关试验报告"为标题的专用章节。

电缆接头应配置铜保护壳，并具有良好的防水防腐性能。铜保护壳覆盖接头长度不低于 90%。

直埋安装的接头应有加强保护盒，加强保护盒应具有良好的防水性能，其性能应满足 GB/T 11017.1《额定电压 110kV（U_m=126kV）交联聚乙烯绝缘电力电缆及其附件　第 1 部分：试验方法和要求》、GB/T 18890.1《额定电压 220kV（U_m=252kV）交联聚乙烯绝缘电力电缆及其附件　第 1 部分：试验方法和要求》附录 G 规定的试验要求，且应提供相应的试验报告。保护盒内填充无需加热处理的防水材料。且应提供填充混合材料固化后性能试验报告。

投标方提供设备的性能应满足或优于此项。

评标专家可查阅"投标产品的相关试验报告"为标题的专用章节。

户外终端顶部应能承受 2kN 的水平荷载。户外终端结构如图 5-7 所示，复合套终端和瓷套终端分别如图 5-8、图 5-9 所示。

户外终端爬距应满足以下要求：e 级污区——瓷套型爬距大于 18 975mm，复合套型爬距大于 13 750mm。

投标方提供设备的性能应满足或优于此项。

评标专家可查阅"投标产品的相关试验报告"或"其他的技术资料"为标题的专用章节。

图 5-7　户外终端结构　　　　图 5-8　复合套终端　　　图 5-9　瓷套终端

户外终端必须具有使终端的底座与支架相绝缘的底座绝缘子，其安装方式应设计成在需要更换该绝缘子时不需要吊起或拆卸终端，其性能应符合 GB/T 8287《标称电压高于 1000V 系统用户内和户外支柱绝缘子》的规定。

投标方提供设备的性能应满足或优于此项。

评标专家可查阅"技术规范书要求的图纸"为标题的专用章节。

户外终端的尾管必须有接地用接线端子，应采用铜端子双孔型式结构。接地线与尾管连接必须采用螺栓连接，不应采用压接及焊接地线的方式。终端的尾管材质要求采用不少于 2.8mm 厚黄铜材料制作，尾管法兰材质可采用黄铜。

户外终端与金属护套应采用封铅或铜编织带搪铅实现可靠电气连接，不得采用钢箍、恒力弹簧或环氧方式固定。

投标方提供设备的性能应满足或优于此项。

评标专家可查阅"技术规范书要求的图纸"为标题的专用章节。

GIS 终端与金属护套应采用封铅或铜编织带搪铅实现可靠电气连接，不得采用钢箍、恒力弹簧或环氧方式固定。

GIS 终端的尾管必须有接地用接线端子，应采用铜端子双孔型式结构。接地线与尾管连接必须采用螺栓连接，不应采用压接及焊接地线的方式。终端的尾管材质要求采用不少于 2.8mm 厚黄铜材料制作，尾管法兰材质可采用黄铜。

投标方提供设备的性能应满足或优于此项。

评标专家可查阅"投标产品的相关试验报告"为标题的专用章节。

电缆接头、终端橡胶预制件内表面的绝缘与半导电交界面结合线允许绝缘超过交界面结合线覆盖半导电小于等于 3mm（见图 5-10 中的 H 标示），但禁止半导电超过交界面结合线覆盖绝缘。

投标方提供设备的性能应满足或优于此项。

评标专家可查阅"投标产品的相关试验报告"或"其他的技术资料"为标题的专用章节。

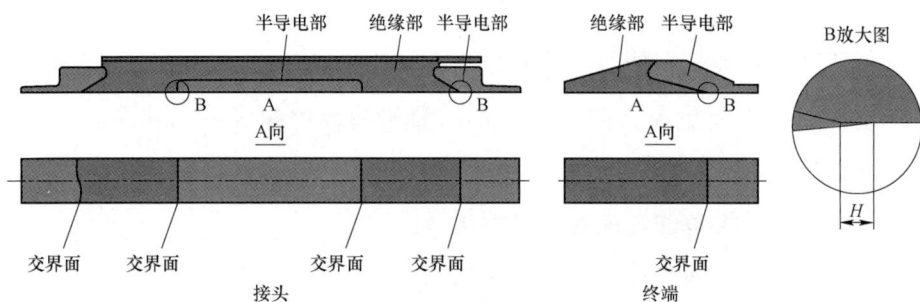

图 5-10　偏差示意图

护层过电压保护器应满足以下要求：

（1）保护器材料：无间隙氧化锌阀片。

（2）保护器方波容量：110kV 不小于 400A，220kV 不小于 600A。

（3）保护器通过 8/20μs、10kA 冲击电流时的残压不大于 5kV。

（4）保护器在 3kV 工频电压下能承受 5s 而不损坏。

（5）保护器应能通过最大冲击电流累计 20 次而不损坏。

投标方提供设备的性能应满足或优于此项。

评标专家可查阅"投标产品的相关试验报告"或"其他的技术资料"为标题的专用章节。

交叉互联接地箱及直接接地箱、保护接地箱应满足以下要求：

（1）带电部分对箱体的绝缘水平应不低于电缆非金属外护层的绝缘水

平。建议在内陆地区采用 304 号不锈钢材料，在沿海地区选用具有足够抗晶间腐蚀能力的奥氏体不锈钢材料，箱体厚度不小于 2mm，箱盖厚度不小于 2.8mm，且上方有两个可活动门型把手。箱体与箱盖接触的法兰面厚度不小于 5mm，以保证箱体有足够的机械性能，箱体防水等级为 IP68。

（2）箱外壳的防水性能和防腐蚀性能应满足 DL/T 508《交流（110～330）kV 自容式充油电缆及其附件订货技术规范》标准要求，密封圈材料建议采用丁腈橡胶。密封圈应能在额定负荷下长期使用。应提供试验报告和箱体防水结构图纸。

投标方提供设备的性能应满足或优于此项。

评标专家可查阅"投标产品的相关试验报告"或"其他的技术资料"为标题的专用章节。

同轴电缆及接地线应满足以下要求：

（1）导体截面应满足短路电流产生的热机械性能要求。

（2）同轴电缆内外导体间以及外导体对地绝缘水平应不低于电缆非金属外护层的绝缘水平。

（3）接地线导体对地绝缘水平应不低于电缆非金属外护层的绝缘水平。

（4）同轴电缆及接地线的主绝缘材料为 XLPE，厚度参照 GB/T 12706 要求执行，不应有半导电层和屏蔽层（如铜丝屏蔽等）。根据应用环境不同，有阻燃要求的同轴电缆及接地线外层绝缘应采用有阻燃性的 PVC 材料，无阻燃要求的同轴电缆及接地线外层绝缘应采用 HDPE 材料。

（5）同轴电缆及接地线的直流电阻应符合 GB/T 3956《电缆的导体》的要求。

投标方提供设备的性能应满足或优于此项。

评标专家可查阅"投标产品的相关试验报告"或"其他的技术资料"为标题的专用章节。

三、±500kV 直流电力电缆附件关键工艺

投标人应提供对应应标交流电力电缆附件设备型号的技术资料和图纸，

具体包括：

（1）鉴定证书、型式试验报告及最新的国家技术监督局抽检报告。

（2）护层过电压保护器的伏安特性曲线。

（3）绝缘油的性能。

（4）附件的结构尺寸图，采用 A0 规格的比例图纸，图纸上方有所用工程名称和加盖厂家技术盖。

（5）附件的全部安装工艺说明。

（6）附件安装所需的专用工具、通用工具清单和消耗材料清单。

（7）附件绝缘材料的存储条件和有效使用期。

（8）提供原材料供应商名称、原材料的技术参数及生产产品的产地等资料。

（9）近三年的国内供货记录。

评标专家可查阅"投标产品的相关试验报告"或"其他的技术资料"为标题的专用章节。

橡胶应力锥和橡胶绝缘件的绝缘料和半导电料推荐采用符合表 5–12、表 5–13 的材料，同时性能要求应不低于 GB/T 20779.2—2007《电力防护用橡胶材料》。

表 5–12　　　　　　　　　　三元乙丙橡胶料的性能

序号	项目	单位	绝缘料	半导电料
1	老化前机械性能			
1.1	抗张强度	N/mm²	≥7.0	≥8.0
1.2	断裂伸长率	%	≥300	≥260
1.3	抗撕裂强度	N/mm	≥22	≥22
1.4	硬度	邵氏 A	≤70	≤80
1.5	压缩永久变形	%	≤40	≤40
2	空气箱老化后机械性能 老化条件：（135±3）℃，7 日			
2.1	抗张强度最大变化率	%	±30	±30
2.2	伸长率最大变化率	%	±30	±30
3	电气性能（室温下）			
3.1	体积电阻率（23℃）	Ω·cm	≥1.5×10¹⁵	<1.0×10³
3.2	tan δ	—	≤5.0×10⁻³	—
3.3	介电常数	—	2.5～4.0	—
3.4	短时工频击穿电场强度	MV/m	≥25	—

表 5－13　　　　　　　　　　　硅 橡 胶 料 的 性 能

序号	项目	单位	绝缘料	半导电料
1	老化前机械性能			
1.1	抗张强度	N/mm²	≥6.0	≥6.0
1.2	断裂伸长率	%	≥450	≥350
1.3	抗撕裂强度	N/mm	≥20	≥18
1.4	硬度	邵氏 A	≤50	≤55
1.5	压缩永久变形	%	在考虑中	在考虑中
2	空气箱老化后机械性能 老化条件：（135±3）℃，7 日			
2.1	抗张强度最大变化率	%	±20	±20
2.2	伸长率最大变化率	%	±20	±20
3	电气性能（室温下）			
3.1	体积电阻率（23℃）	$\Omega \cdot cm$	$\geq 1.0 \times 10^{15}$	$< 1.0 \times 10^{4}$
3.2	$\tan \delta$	—	$\leq 4.0 \times 10^{-3}$	—
3.3	介电常数	—	2.8～3.5	—
3.4	短时工频击穿电场强度	MV/m	≥25	—

投标人提供设备的性能应满足此项。

评标专家可查阅"投标产品的相关试验报告"或"其他的技术资料"为标题的专用章节。

橡胶应力锥和橡胶绝缘件应无气泡、焦烧物和其他杂质，其内外表面应光滑且平直，应无凹陷、伤痕、裂痕和凸起物。绝缘与半导体屏蔽的界面应结合良好，应无裂纹和剥离现象。半导电屏蔽应无杂质。

投标人提供设备的性能应满足此项。

评标专家可查阅"投标产品的相关试验报告"或"其他的技术资料"为标题的专用章节。

液体绝缘填充剂应满足以下要求：

（1）绝缘填充剂应与相接触的绝缘材料及结构材料相容。

（2）500kV 由于终端工作电场强度较高，500kV 终端推荐采用经真空脱气的硅油作为液体绝缘填充剂。

（3）推荐采用符合表 5－14 要求的硅油作为液体绝缘填充剂。

投标人提供设备的性能应满足或优于此项。

评标专家可查阅"投标产品的相关试验报告"或"其他的技术资料"为标题的专用章节。

表 5-14　　　　　　　　　　硅 油 的 性 能 指 标

序号	项目		单位	性能指标
1	外观			无色透明、无杂质
2	动力黏度（25℃）	低黏度硅油	Pa·s	4～100
		高黏度硅油		800～1300
3	黏度最大变化率		%	±4.8
4	闪点		℃	>300
5	折光指数（25℃）			1.35～1.47
6	击穿电压（电极间距2.5mm）		kV	>35
7	体积电阻率（25℃）		Ω·cm	$>1.0×10^{15}$
8	挥发度（150℃，3h）		%	<0.5

防水浇注剂（如配置）推荐采用聚氨酯混合物作为接头保护盒的防水浇注剂，铜保护壳内应填充纯度较高的聚氨酯混合物，应满足以下要求：

（1）浇注剂应具有良好的防水密封性能，并对周围材料无有害作用。浇注剂应对环境无污染。

（2）接头浇注剂应具有较好的阻燃性能，其阻燃等级应达到 GB/T 10707《橡胶燃烧性能测定》规定的 FV-0 等级。厂家在投标时应提供其阻燃性能试验报告。

（3）浇注剂应不影响电缆接头的散热、电气等其他性能。

（4）对需要承受外界机械压力的防水浇注剂（如玻璃钢保护盒用于直埋时），应具有满足使用条件所要求的机械强度。

投标人提供设备的性能应满足此项。

评标专家可查阅"投标产品的相关试验报告"或"其他的技术资料"为标题的专用章节。

第五节　换流站构支架钢结构

一、关键性能指标

（一）使用寿命

钢材制造应符合国家和行业现行标准及按规定程序批准的技术要求。在正常使用条件下，保证使用寿命 30 年以上。

投标方提供设备的性能应满足或优于此项。

评标专家可查阅"投标产品的相关试验报告"或"其他的技术资料"为标题的专用章节。

（二）试验

产品应由技术检查部门进行检验，应保证全部交货的产品的品种、规格、性能等符合本标准的要求及现行国家产品标准和设计要求。招标方有权按规定对产品进行检验。

投标方提供设备的性能应满足或优于此项。

评标专家可查阅"投标产品的相关试验报告"或"其他的技术资料"为标题的专用章节。

二、关键部件

所有钢构、支架加工用钢材应符合 GB/T 700《碳素结构钢》、GB/T 1591《低合金高强度结构钢》、GB/T 709《热轧钢板和钢带尺寸、外形、重量及允许偏差》、GB/T 706《热轧型钢》等现行国家标准及设计图纸的要求，且应具有出厂质量合格证明书。

投标方提供设备的性能应满足或优于此项。

评标专家可查阅"投标产品的相关试验报告"为标题的专用章节。

钢材的表面不得有裂纹、折叠、结疤、夹杂和重皮，表面有锈蚀、麻点和划痕时，其深度不得大于该钢材负允许偏差值的 1/2，且累计误差在负允许偏差内。

钢材应经力学性能试验、化学成分分析合格，并具有试验报告书。

投标方提供设备的性能应满足或优于此项。

评标专家可查阅"投标产品的相关试验报告"为标题的专用章节。

表面防腐处理、焊接及各种紧固件原材料的质量要求应符合 GB/T 470《锌锭》、GB/T 5117《碳钢焊条》、GB/T 5118《低合金钢焊条》、GB/T 5293《埋弧焊用碳钢焊丝和焊剂》等现行国家标准和设计要求。

投标方提供设备的性能应满足或优于此项。

评标专家可查阅"投标产品的相关试验报告"为标题的专用章节。

钢构架柱采用直缝焊接等径圆形或多边形钢管。杆段连接方式为法兰连接；杆体与横梁连接应采用作局部加劲的相贯焊接或连接板贯穿杆体的螺栓联结方式。

投标方提供设备的性能应满足或优于此项。

评标专家可查阅"投标产品的相关试验报告"为标题的专用章节。

钢管加工用钢板的厚度及重量应严格按照施工图纸采购供货，壁厚的允许偏差按照规范要求，且不超过±1.0mm。钢管构件的加工精度、构件尺寸偏差、焊接、杆段构件成品的偏差应符合国家现行行业标准 DL/T646《输变电钢管结构制造技术条件》的规定。设计结构图如有预弯要求的，应按设计要求进行加工。

投标方提供设备的性能应满足或优于此项。

评标专家可查阅"投标产品的相关试验报告"为标题的专用章节。

三、关键工艺

（一）切割

钢材切割应优先采用机械剪切，其次采用自动、半自动和手工火焰切割。

钢材切割面或剪切面应无裂纹、分层和大于 1.0mm 的边缘缺棱，切割面平面度为 $0.05t$（t 为厚度），且不大于 2.0mm，割纹深度不大于 0.3mm，局部缺口深度不大于 1.0mm。

钢材切割的允许偏差按表 5-15 规定。

表 5-15　　　　　　　　切 割 的 允 许 偏 差　　　　　　　　mm

序号	项目	允许偏差		示意图
1	零件基本尺寸	长度 L	±3.0	
		宽度 b	±2.0	
2	圆盘	D/100 且不大于 5.0		
3	角钢端部垂直度 P	≤3b/100 且不大于 3.0		

钢板切割的端面倾斜允许偏差按表 5-16 规定。

表 5-16　　　　　钢板切割的端面倾斜允许偏差　　　　　mm

序号	钢板厚度	允许偏差 P	示意图
1	$t \leq 20$	1.0	
2	$20 < t \leq 36$	1.5	
3	$t > 36$	2.0	

钢管下料端面斜度允许偏差应符合表 5-17 规定。

表 5-17　　　　　钢管下料端面斜度允许偏差　　　　　mm

序号	钢管外径 D	允许偏差 P	示意图
1	$D \leq 95$	1.0	
2	$95 < D \leq 180$	1.5	
3	$180 < D \leq 400$	2.0	
4	$D > 400$	2.5	

（二）制孔

当钢板厚度大于孔径或者材质为碳素钢板且厚度大于 16mm、材质为低合金钢板且厚度大于 14mm 时，不应采用冲孔，宜采用钻孔。

制孔表面不得有明显的凹面缺陷，大于 0.3mm 的毛刺应清除，制孔的允许偏差符合表 5−18 的规定。

表 5−18　　　　　　　　　　　制 孔 的 允 许 偏 差　　　　　　　　　　　mm

序号	项目	允许偏差		示意图
1	公称直径 d	镀锌前	$\begin{array}{c}+0.8\\0\end{array}$	
		镀锌后	$\begin{array}{c}+0.5\\-0.3\end{array}$	
2	圆度 $d_{max}-d_{min}$	≤1.2		
3	孔上下直径差 d_1-d	≤0.12t		
4	孔垂直度 P	0.03t 且不低于 2.0		
5	同组内不相邻两孔距离 S_1	±0.7		
	同组内相邻两孔距离 S_2	±0.5		
	相邻组两孔距离 S_3	±1.0		
	不相邻组两孔距离 S_4	±1.5		
6	连接法兰孔间距离 S	±0.5		
	连接法兰孔中心直径 D	±1.0		
7	地脚法兰孔间距离 S	D≤1500	±1.5	
		D>1500	±2.0	
	地脚法兰孔中心直径 D	±2.0		
8	边距 S_g	±1.5		

注　1. 序号 1、2 偏差不应同时存在。

　　2. 冲制孔的位置测量应在其小径所在平面进行。

（三）制弯和制管

零件制弯后，其边缘应圆滑过度，表面不应有明显的褶皱、凹面和损伤，划痕深度不应大于 0.5mm。

钢板、角钢制弯的允许偏差符合表 5-19 的规定。

表 5-19 　　　　　　　　　制弯允许偏差　　　　　　　　mm

序号	项目			允许偏差	示意图
1	曲点（线）位移 S			2.0	
2	制弯 f	钢板		$5L/1000$	
		接头角钢，无论肢宽大小		$1.5L/1000$	
3	非接头角钢		$b \leqslant 50$	$7L/1000$	
			$50 < b \leqslant 100$	$5L/1000$	
			$100 < b \leqslant 200$	$3L/1000$	

注　1. 角钢制弯后，角钢边最薄处不得小于原厚度的 70%。
　　 2. b 为角钢肢宽。

制管允许偏差符合表 5-20 的规定。

表 5-20 　　　　　　　　钢管杆段制造的允许偏差　　　　　　　mm

序号	项目			允许偏差	示意图
1	钢板制管直径 D	对接接头	$D \leqslant 500$	± 1.0	
			$D > 500$	± 2.0	
		插接接头		$\pm D/100$ 且 $\leqslant \pm 5.0$	
		法兰连接		± 5.0	
2	钢板制管圆度	对接接头	$D \leqslant 500$	1.0	
			$D > 500$	2.0	
		插接接头		$D/100$ 且 $\leqslant 5.0$	
		法兰连接		5.0	

续表

序号	项目			允许偏差	示意图
3	棱边宽度 b			±2.0	
	多边形钢管制弯角度 α			≤1°	
4	同一截面上的对边尺寸 D	对接接头	$D≤500$	±1.0	
			$D>500$	±2.0	
		插接接头		±D/100 且≤±5.0	
		其他处		±5.0	
5	局部凸起或凹陷			≤3.0	
6	单节杆段上下两截面轴向扭转 α			$\alpha≤4°$	基准面

（四）清根、铲背和开坡口

清根、铲背和开坡口的允许偏差符合表 5-21 的规定。

表 5-21　　　　　清根、铲背和开坡口的允许偏差　　　　　mm

序号	项目		允许偏差	示意图
1	清根	$t≤10$	+0.8 −0.4	
		$10<t≤16$	+1.2 −0.4	
		$t>16$	+2.0 −0.6	
2	铲背	长度 L_1	±2.0	
		圆弧半径 R_1	±2.0 0	$L_1=L+5$　$R_1=R+2$ L—与外接角钢搭接长度；R—外包角钢内圆弧半径
3	开坡口	开角 α	±5°	
		钝边 C	±1.0	

（五）焊接

钢管的纵向焊缝的焊接有效厚度不小于母材厚度的 60%。

严禁在焊缝间隙内嵌入金属材料。

一般焊缝坡口型式和尺寸，应符合 GB/T 985.1《气焊、焊条电弧焊、气体保护焊和高能束焊的推荐坡口》和 GB/T 986《埋弧焊焊缝坡口的基本形式与尺寸》的有关规定，当图纸有特殊要求的焊缝坡口型式和尺寸时，应依据图纸并结合焊接工艺评定来确定。

所有焊缝应根据不同的焊缝等级按照 DL/T 646《输变电钢管结构制造技术条件》和 GB/T 2694《输电线路铁塔制造技术条件》的规定进行内部质量和外观缺陷检查。其质量应满足以上标准和设计图纸的要求。

组装前，连接表面及沿焊缝每边 30～50mm 铁锈、毛刺和油污等必须清除干净。

定位点焊用的焊条的型号应与正式焊接要求相同，点焊高度不宜超过设计焊缝高度的 2/3，并应由有合格证的工人担任。

焊接件装配允许偏差符合表 5－22 规定。

表 5－22　　　　　　　　　　　　焊接件装配允许偏差　　　　　　　　　　　mm

序号	项目		允许偏差	示意图
1	法兰面对轴线倾斜 P	$D<1000$	1.5	
		$1000 \leqslant D \leqslant 2000$	$1.5D/1000$	
		$D \geqslant 2000$	3.0	
2	连接板位移 e	有孔	1.0	
		无孔	5.0	
3	连接板倾斜 P	有孔	1.0	
		无孔	5.0	
4	钢管纵焊缝纵向位移 e		3.0	
5	对接接头错口 δ		$t/10$ 且 $\leqslant 2.0$	
6	间隙 a		1.0	

续表

序号	项目		允许偏差	示意图
7	直线度 f		$L/1500$ 且≤5.0	
8	构件长度 L		±3.0	
9	相邻两组连接板间距 a		±2.0	
10	不相邻两组连接板间距 a_1		±4.0	
11	构架节点柱顶板平面度		≤5.0	
12	主管与支管之间角度 α		±0.5°	
13	支管法兰偏移 e		±2.0	
14	支管长度 L		±1.5	
15	重心 Z_0	主材	±2.0	
		腹材	±2.5	
16	端距 S_d		±3.0	
17	无孔节点板位移 e		±3.0	
18	跨焊缝的相邻两孔间距 S		±1.0	
19	搭接构件孔中心相对偏差 k		1.0	

续表

序号	项目		允许偏差	示意图
20	搭接间隙 m	b≤50	1.0	
		b>50	2.0	
21	T 接板倾斜距离 f	有孔	±2.0	
		无孔	±5.0	
22	T 接板位移 S	有孔	±1.0	
		无孔	±5.0	

（六）成品矫正和试拼装

矫正后的部件外观不应有明显的凸凹面和损伤，表面划痕深度不宜超过钢材厚度的允许偏差值。

矫正的允许偏差符合表 5-23 的规定。

表 5-23　　　　　矫 正 的 允 许 偏 差　　　　　mm

序号	项目			允许偏差	示意图
1	角钢顶端直角 90°			±35'	
2	型钢及钢板平面内挠曲 f		b≤80	$1.3L/1000$	
			b>80	$L/1000$	
3	焊接构件平面内挠曲 f	接点间	主材	$1.3L/1000$	
			腹材	$1.5L/1000$	
4	焊接构件整个平面挠曲 f			$L/1000$	

构、支架试组装可采用卧式或立式。

试组装时所用的螺栓规格（直径和长度）应和实际所用的螺栓规格相同。

试组装时各构件应处于自由状态，不得强行组装，所使用螺栓数目应能保证构件的定位需要且每组孔不少于该组螺栓孔总数的 30%，还应用试孔器检查板叠孔的通孔率，当采用比螺栓公称直径大 0.3mm 的试孔器检查时，每组孔的通孔率为 100%。

试组装后的允许偏差应符合表 5-24 的规定，图纸有另行规定的，尚应符合图纸的要求。

表 5-24 　　　　　　　　 矫 正 的 允 许 偏 差 　　　　　　　　 mm

序号	项目		允许偏差	示意图
1	法兰连接钢管杆总长度 L		$+L/1000$ 0	
2	钢管杆（多节柱）直线度 f		$L/1000$	
3	法兰连接的局部间隙 a		≤ 2.0	
4	法兰对口错边 e		≤ 2.0	
5	横梁中心拱度 f		$\pm L/2000$	
6	构架梁	总长 L　≤ 24000	$+3.0$ -7.0	
		总长 L　>24000	$+5.0$ -10.0	
		宽度 b	± 3.0	
		断面高度 h	± 3.0	
		挂点距离 L_1	± 10.0	

（七）热浸镀锌

钢构、支架的所有零部件、紧固件等均采用热浸镀锌防腐。

用于热浸镀锌的锌浴主要应由熔融锌液构成。熔融锌中的杂质总含量（铁、锡除外）不应超过总质量的 1.5%，所指杂质按 GB/T 470《锌锭》的规定。

镀锌层厚度和镀锌层附着量应符合表 5–25 的规定，同时应符合设计文件的要求。

表 5–25　　　　　　　　　　镀锌层厚度和镀锌层附着量

镀件厚度（mm）	最小平均厚度（μm）	最小平均附着量（g/m²）
$T \geqslant 5$	86	610
$t < 5$	65	460

（八）紧固件

与钢构、支架配套使用的紧固件应采用热浸镀锌，镀锌后机械性能满足 GB/T 3098.1《紧固件机械性能螺栓、螺钉和螺柱》和 GB/T 3098.2《紧固件机械性能螺母粗牙螺纹》的规定。

8.8 级及以上的高强度螺栓应有强度和塑性试验的合格证明。

紧固件的镀锌层满足 GB/T 13912《金属覆盖层钢铁制件热浸镀锌层技术要求及试验方法》的规定。

第六章

主 网 线 路 材 料

第一节 交 流 线 材

一、交流线材关键性能指标

交流线材关键性能指标如下：

（1）名称、型号；

（2）结构（钢比、绞线直径、截面积、单丝根数、单丝直径）、绞向；

（3）单位长度质量；

（4）导线拉断力；

（5）综合弹性模量；

（6）线膨胀系数；

（7）直流电阻（20℃）；

（8）额定载流量；

（9）最大允许短路电流（仅包括地线）；

（10）最小弯曲半径；

（11）最高允许运行温度。

以钢芯铝合金绞线（产品型号 JLHA1/G1A－290/45）为例，应符合的标准技术特性参数表见表 6－1。

表 6-1　　　　　　标准技术特性参数表（投标方填写）

参数类型	标准参数值	标准值特性	项目单位要求值	投标人响应值
产品型号	JLHA1/G1A-290/45	—	—	
结构（根数/直径）（mm）				
铝合金	26/3.77	单一	符合标准参数值	
钢	7/2.93	单一	符合标准参数值	
计算截面积（mm²）				
总计	338	单一	符合标准参数值	
铝合金	290.23	单一	符合标准参数值	
钢	47.2	单一	符合标准参数值	
外径（mm）	23.9	单一	符合标准参数值	
单位长度质量（kg/km）	1170.9	单一	符合标准参数值	
20℃时直流电阻（Ω/km）	≤0.1155	单一	符合标准参数值	
额定拉断力（kN）	≥145.43	单一	符合标准参数值	
弹性模量（GPa）	76	单一	符合标准参数值	
线膨胀系数（1/℃）	18.9×10^{-6}	单一	符合标准参数值	
节径比				
钢芯 6 根层	16～26	投标人响应	符合标准参数值	
铝合金线内层	10～16	投标人响应	符合标准参数值	
铝合金线邻外层	10～16	投标人响应	符合标准参数值	
铝合金线外层	10～14	投标人响应	符合标准参数值	
对于有多层的绞线	任何层的节径比不大于紧邻内层的节径比	单一	符合标准参数值	
绞向				
外层	右向	单一	符合标准参数值	
其他层	相邻层绞向应相反	单一	符合标准参数值	
每盘线长（m）	2500	可选	项目单位选择	
线长偏差（%）				
正	0.5	投标人响应	符合标准参数值	
负	0	投标人响应	符合标准参数值	
每盘绞线净重（kg）	—	投标人提供	—	
每盘绞线毛重（kg）	—	投标人提供	—	

续表

参数类型	标准参数值	标准值特性	项目单位要求值	投标人响应值
蠕变特性				
10 年蠕变量(%)25%RTS、40%RTS	—	投标人提供	—	
20 年蠕变量(%)25%RTS、40%RTS	—	投标人提供	—	
项目单位需求差异（项目单位原则上不能改动通用部分技术条款及专用部分标准技术参数值，根据工程实际情况，如有差异，应逐项在"项目单位需求差异表"中列出。本表是对技术规范的补充和修改，如有冲突，应以本表为准）				
		特殊		
		特殊		

投标方提供设备的性能应满足或优于技术参数。

评标专家可查阅"投标产品的相关试验报告"或"其他的技术资料"为标题的专用章节。

二、交流线材关键部件

（一）材料

钢芯铝合金绞线绞合导线应由铝合金单线、圆镀锌钢线单线绞制而成；铝包钢芯铝绞线绞合导线应由圆硬铝单线、圆铝包钢单线绞制而成；铝包钢绞线绞合导线应由圆铝包钢线单线绞制而成。绞合前的所有单线应具有按本技术规范书要求的性能。

投标方提供设备的性能应满足或优于此项。

评标专家可查阅"投标产品的相关试验报告"或"其他的技术资料"为标题的专用章节。

（二）结构尺寸

导线、地线结构应满足 GB/T 1179 及相关标准要求，导线尺寸可从 GB/T 1179 及相关标准推荐的导线尺寸中选择。现有的或已设计好的架空线路用导线及技术规范书中未包括的尺寸和结构，可以根据供需双方的协议进行设计和提供，并符合技术规范书的有关要求。

投标方提供设备的性能应满足或优于此项。

评标专家可查阅"投标产品的相关试验报告"或"其他的技术资料"为标题的专用章节。

（三）表面

导线、地线表面不应有目力可见的缺陷，例如明显的划痕、压痕等，并不得有与良好的商品不相称的任何缺陷，外观表面应光洁。成品绞线表面应光洁，绞合应均匀、紧密。所有绞线均应满足张力架线施工的要求，在架线过程中，线股表面不得出现松股、灯笼等现象。

投标方提供设备的性能应满足或优于此项。

评标专家可查阅"投标产品的相关试验报告"或"其他的技术资料"为标题的专用章节。

（四）线密度——单位长度质量

（1）各种尺寸和绞合结构的导线单位长度质量规定应满足 GB/T 1179 的要求，并按 GB/T 1179 的要求的铝（铝合金）线和钢线密度、绞合增量及以理论非圆直径为基础的铝和钢线截面积进行计算。

（2）按照平均节径比绞制而引起的质量和电阻增量（百分数）应满足 GB/T 1179 的要求。

（3）当导线有涂料时，涂料的标称重量应按 GB/T 1179 的要求进行计算。

（4）导线应无过量的拉模用润滑油、金属颗粒及粉末，且应无任何与工业产品及本工程工艺质量要求不相符合的缺陷。出厂的产品应不再要求有限制电晕和无线电干扰发生的设计措施。

投标方提供设备的性能应满足或优于此项。

评标专家可查阅"投标产品的相关试验报告"或"其他的技术资料"为标题的专用章节。

（五）导线拉断力

（1）钢芯铝合金绞线的额定拉断力应为铝合金部分的拉断力与对应铝合金部分在断裂负荷下钢部分伸长时的拉力的总和。为规范及实用起见，钢部分的拉断力偏安全地规定为：按 250mm 标距，1%伸长时的应力来确定。

（2）铝包钢芯铝绞线的额定拉断力应为铝部分的拉断力与对应铝部分在断裂负荷下铝包钢部分伸长时的拉力的总和。为规范及实用起见，铝包钢部分的拉断力偏安全地规定为：按 250mm 标距，1%伸长时的应力来确定。

（3）单一铝包钢绞线的额定拉断力应为所有单线最小拉断力的总和。

（4）任何单线的拉断力为其标称截面积与对应标准规定的单线最小抗拉强度的乘积。

投标方提供设备的性能应满足或优于此项。

评标专家可查阅"投标产品的相关试验报告"或"其他的技术资料"为标题的专用章节。

（六）直流电阻

铝与铝包钢线的组合导线的直流电阻计算，铝包钢线加强芯中铝包层的电导仍计算在内。绞线直流电阻应满足 GB/T 1179 要求。

铝包钢绞线直流电阻应满足 GB/T 1179 要求，直流电阻按 GB/T 17937 有关的电阻率来计算。

铝合金与钢线的组合导线的直流电阻计算，忽略钢线的电导率。绞线直流电阻应满足 GB/T 1179 要求。

投标方提供设备的性能应满足或优于此项。

评标专家可查阅"投标产品的相关试验报告"或"其他的技术资料"为标题的专用章节。

三、交流线材关键工艺

（一）绞制

导线的所有单线应同心绞合。

相邻层的绞向应相反，除非需方在订货时有特别说明，最外层绞向应为"右向"。

每层单线应均匀紧密地绞合在下层中心线芯或内绞层上。

导线、地线的绞合节径比应符合表 6-2～表 6-4 的规定。一旦绞合开始，对于所有运到相同目的地的整批导线都应保持相同的绞合参数。所提供的导线应为一次绞合而成的产品。

表 6-2　　　　　　　　　　钢芯铝合金绞线导线绞合节径比

结构元件	绞层	节径比
钢芯	6 根层	16～26
	12 根层	14～22
铝合金绞层	外层	10～14
	内层	10～16

表 6-3　　　　　　　　　　铝包钢芯铝绞线导线绞合节径比

结构元件	绞层	节径比
铝包钢芯	6 根层	16～26
	12 根层	14～22
铝绞层	外层	10～14
	内层	10～16

表 6-4　　　　　　　　　　铝包钢绞线导线绞合节径比

结构元件	绞层	节径比
铝包钢绞线	内层	10～16
	外层	10～16

对于有多层的绞线，任何层的节径比应不大于紧邻内层的节径比。

绞合后所有钢线应自然地处于各自位置，当切断时，各线端应保持在原位或容易用手复位，此要求也同样适用于导线的外层铝（铝合金）绞线。

绞制前，构成绞线的所有单线的温度应基本一致。

每根导线中，负公差铝线（铝合金）所占的比例不得超过总铝线根数的50%。

绞线交货长度的允许偏差为−0%～+5%。

（二）接头

（1）绞制过程中，单根或多根镀锌钢线或铝包钢线均不应有任何接头。

（2）每根制造长度的导线不应使用多于 1 根有接头的成品铝线。

（3）绞制过程中不应有为了达到要求的导线长度而制作的铝（铝合金）

线接头。

（4）在绞制过程中，导线外层不允许有接头，内层铝线若意外断裂，只要这种断裂既不是由单线内在缺陷，也不是因为使用短长度铝（铝合金）线所致，则铝（铝合金）线允许有接头。接头应与原单线的几何形状一致，例如接头应修光，使其直径等于原单线的直径，而且不应弯折。

铝（铝合金）线的接头应不超过表6-5的规定值。在同一根单线上或整根导线中，任何两个接头间的距离应不小于15m。

表6-5　　　　　　　　铝（铝合金）导线允许的接头数

铝（铝合金）绞层数目	制造长度允许接头数	铝（铝合金）绞层数目	制造长度允许接头数
1	0	3	3
2	2	4	4

接头应用电阻对焊、冷镦焊或冷压焊及其他认可的方法制作，这些接头与良好的生产工艺一致。电阻对焊的接头应进行退火，接头两侧退火距离约为250mm。

如果生产过程中铝（铝合金）线有接头，投标方应记录接头数量及其位置，并在批次供货单中提供。

（5）接头不要求符合未焊接单线的要求时，退火后的电阻对焊接头抗拉强度应不小于 75MPa，冷压焊接头和电阻冷镦焊接头抗拉强度应不小于130MPa，投标方应证明上述焊接方法能达到规定的抗拉强度要求。（注：绞合导线中单线接头的性能与抗拉强度和伸长率有关，对于抗拉强度较低的退火电阻对焊接头，由于其较大的伸长率，其总的性能与冷压接头或电阻冷镦焊接头相似）。

（三）型式试验

型式试验用于检验导线的主要性能，其性能主要取决于导线的设计。对于新设计的导线或用新的生产工艺生产的导线，试验只做一次，并且仅当其设计或生产工艺改变之后试验才重做。

型式试验只在符合所有有关抽样试验要求的导线上进行。型式试验项目包括单线性能、导线拉断力、弹性模量、直流电阻、节径比、单位长度质量、应力—应变曲线、蠕变曲线、线膨胀系数、载流量、振动疲劳性能、紧密度、平整度、电晕及无线电干扰试验等项目。

1. 结构尺寸

绞线中各类金属线的根数、直径、绞合节径比等的尺寸测量。试验方法按 GB 4909.2 规定。

2. 材料和性能

钢芯铝合金绞线用的电工圆铝合金线应符合 GB/T 23308 规定，铝合金线电阻率的试验方法按 GB/T 3048.2 进行。钢芯铝合金绞线用镀锌钢线应符合 GB/T 3428 的规定。铝包钢芯铝绞线用的电工圆铝线应符合 GB/T 17048 规定；铝包钢芯铝绞线用的铝包钢线应符合 GB/T 17937 的规定；铝线及铝包钢线电阻率试验方法按 GB/T 3048.2 进行。铝包钢绞线用的铝包钢线应符合 GB/T 17937 的规定，铝包钢线电阻率的试验方法按 GB/T 3048.2 进行。

3. 绞制工艺

绞合、焊接等工艺质量应满足 GB/T 1179 的规定，绞线不允许接头。

4. 应力应变试验

生产厂家需向招标方提供绞线的应力—应变曲线，应力应变试验按 GB/T 1179 的规定进行。

5. 导线拉断力试验

导线的拉断力试验按 GB/T 1179 的规定进行。最小拉断力应不小于计算拉断力的 95%。

导线的拉断力应通过拉伸固定在合适的精确度至少为 ±1% 的拉力试验机上的导线的方法进行测量。为便于试验，导线试样的两端应制作适当的端头。试验期间，导线的拉断力按当绞线的一根或多根单线发生断裂时的负荷来确定。如果单线的断裂发生在距离端头 1cm 以内，并且拉断力小于规定的拉断力要求时，则可重新试验，最多可试验 3 次。

6. 振动疲劳试验

绞线振动疲劳性能试验考核绞线的耐振性能。试件一组三根绞线，试验张力为绞线计算拉断力的 25%，振动角为 25′～35′，振动频率为 40Hz±10Hz，要求试件累计振动 3×10^7 次后将悬垂线夹出口处的绞线剥开检查，线股应无断股。每 1000 万次振动后应检查导线是否已产生疲劳破坏。

7. 蠕变试验

导线的蠕变试验按 GB/T 22077 的规定进行。

8. 紧密度测试

紧密度测试中，导线在承受 30%额定拉断力时与不受张力时，其周长的允许减少值不超过 2%。

9. 平整度测试

平整度测试中，导线在承受 50%额定拉断力时，应用刀口尺，使刀口平行地靠在导线上，再以塞尺测量导线与刀口之间的空隙，其空隙不应超过 0.5mm。刀口尺的长度至少应为导线外层节距的 2 倍。

10. 电晕及无线电干扰试验

500kV 线路用导线应进行电晕及无线电干扰试验，试验要求参照 GB/T 2317.2 进行。

11. 载流量

载流量的计算公式和计算参数取值参照 GB 50545 的规定进行。

12. 其他试验

其他试验应按 GB/T 1179 的规定进行。

（四）抽样试验

投标方在交货时，应提供相同型号规格导线、地线的机电性能的检验报告，进行试验的样品应从供货的第一批成品绞线中随机抽取，试验需在国家认可的质检中心进行，并需提供完整的检验报告。试验项目应包括单线性能、导线拉断力、20℃时直流电阻、外径、节径比、单位长度质量。

1. 截面积

（1）导线的铝（铝合金）部分截面积应为组成导线的所有铝单线截面积的总和；任一试样的截面积偏差应不大于标称值的±2%，也不应大于任何 4 个测量值的平均值的±1.5%，这 4 个测量值是在试样上随意选取的最小间距为 20cm 的位置上测量。

（2）钢芯的截面积应是组成钢芯所有单线的截面积的总和。

（3）单线的直径应包括金属镀层或包覆层，使用分度为微米的千分尺测量。直径 d 应为三次直径测量值的平均值，测量方法按 GB/T 4909.2 的规定测量，测量到小数第三位，修约到两位小数。

（4）钢绞线的截面积应是组成钢绞线所有单线的截面积的总和。

2. 导线直径

导线直径应在绞线机上的并线模和牵引轮之间测量。

测量应使用可读到 0.01mm 的量具。直径应取在同一圆周上互成直角的位置上的两个读数的平均值，修约到毫米的两位小数。

导线直径的偏差为：直径 10mm 及以上，$\pm 1\% d$；直径 10mm 以下，± 0.1mm。

3. 线密度——单位长度质量

导线的单位长度质量应使用精确度为 $\pm 0.1\%$ 的仪器测量。

导线单位长度质量（不包括涂料）应分别不大于标称值的。

导线中的涂料质量应是有涂料时的导线质量与去掉所有涂料后的导线质量的差值。

4. 单线的断裂强度

单线断裂强度试验应从绞线上选取的单线上进行，试样应校直，操作时不得拉伸或碰伤试样。

单线截面积应按本规范书规定的直径测量方法测定，然后将校直的单线装在合适的拉力试验机上，逐渐施加负荷。夹头移动速度应不小于 25mm/min，也不大于 100mm/min。

断裂负荷除以单线的截面积应不小于相应的绞前抗拉强度的 95%（5% 的损失量是由于绞制过程中单线的加工和扭绞造成的）。

5. 单线的电阻率

如有需要，电阻率应从绞线上选取的单线上测量，试样应用手工校直，按 GB/T 3048.2 规定进行测量，试验结果应符合相应单线标准要求。

6. 表面情况

绞线表面应符合技术规范书要求。

7. 节径比和绞向

绞线每一层的节径比应为测得的绞合节距与该层外径的比值。实测值和每层绞向应符合技术规范书要求。

8. 直流电阻试验

依据 GB/T 1179 的相关要求，测量每相导体（20℃时）直流电阻，测量值不应大于本型号导线专用部分标准技术参数中对应导线型号的 20℃时直流电阻标准参数值，并提供直流电阻试验报告。

第二节　交　流　塔　材

一、交流塔材关键性能指标

角钢塔、钢管塔、钢管杆制造应符合国家和行业现行标准及按规定程序批准的技术要求。在正常使用条件下，保证使用寿命 30 年以上。

钢材、螺栓、螺母、焊接材料的材质应符合设计文件的要求，所有材料应具有出厂质量合格证明书。

所有结构的钢材均应满足不低于 B 级钢的质量要求。钢材宜采用 Q235、Q345、Q420，有条件时可采用 Q460 及以上钢材。当采用其他非国标牌号如 ASTM A572 Gr65 钢时，应得到招标方和设计单位的确认。当采用 40mm 及以上厚度的钢板焊接时，应采取防止钢材层状撕裂的措施，例如可采用 Z 向性能钢板、控制焊接应力、控制钢材的断面收缩率、控制材料杂质含量、控制焊接工艺等措施。Z 向性能钢板的化学成分和力学性能应符合 GB/T 5313 的规定。若在厚度方向受拉的重要构件选用一般钢材时，应逐张进行超声波探伤，主要检查其是否有分层和非金属夹杂等缺陷。探伤范围主要为焊缝区域以及钢板四周 100mm 宽度的区域。

热浸镀锌螺栓的材质及机械性能应符合 GB/T 3098.1 和 DL/T 284 的要

求。热浸镀锌螺母的材质及机械性能应符合 GB/T 3098.2 和 DL/T 284 的要求。焊条应符合 GB/T 5117 的有关规定；焊丝应符合 GB/T 14957、GB/T 8110 及 GB/T 10045、GB/T 17493 的有关规定；埋弧焊用焊丝和焊剂应符合 GB/T 5293 和 GB/T 12470 的有关规定。对自动焊和半自动焊应采用与主体金属相适应的焊丝和焊剂，应保证其熔敷金属抗拉强度不低于相应手工焊焊条的数值。不同强度的钢材相焊接时，可按强度较低的钢材选用焊接材料。

钢材的化学成分和力学性能应满足现行国家标准的要求。钢材应具有抗拉强度、伸长率、屈服强度和硫、磷含量的合格保证。Q235 钢和 Q345 钢的焊接接头应具有 20℃冲击韧性的合格保证，Q390 钢和 Q420 钢的焊接接头应具有 0℃冲击韧性的合格保证；非焊接结构应具有常温冲击韧性的合格保证。对焊接接头尚应有冷弯试验的合格保证。钢材的尺寸、外形、重量及允许偏差应符合现行国家或行业标准的规定，冷弯试验结果应符合 GB/T 1591 中表 8 的规定。其中，角钢、钢板尺寸的负偏差不大于国家标准规定的负偏差的 0.5 倍，允许正偏差按 GB/T 706 的规定。角钢、钢板尺寸、角钢截面、钢板厚度存在负偏差的抽检产品数量不超过所有抽检产品数量的 50%。等边角钢每米的弯曲度不大于 2mm，总弯曲度不大于总长度的 0.2%；角钢表面局部缺陷如局部发纹、凹坑、麻点、刮痕和氧化铁皮压入等，深度不能超过 0.3mm，而且不得超出角钢允许偏差，等边角钢的允许偏差按表 6－6 的规定。

表 6－6　　　　　　　　　　　等边角钢的允许偏差

型号	允许偏差（mm）	
	边宽度 b	边厚度 d
2～5.6	+0.8 −0.4	+0.4 −0.2
6.3～9	+1.2 −0.6	+0.6 −0.3
10～14	+1.8 −0.9	+0.7 −0.35
16～20	+2.5 −1.2	+1.0 −0.5
>20	+3.5 −1.8	+1.4 −0.7

钢管在镀锌后的外径不允许负偏差，壁厚的允许偏差为 –1.2%。无缝钢管外径允许偏差 +1%，壁厚应沿钢管纵向三等分取三个圆周面，每个圆周面 90° 测一点，应满足以下要求：

（1）三个断面（共十二个点）平均壁厚不允许负偏差；

（2）每个圆周面（四个点）的平均允许偏差值 ±5%；

（3）每个圆周面的单点允许偏差值 ±12.5%。

制造和检验用的量具、量仪均应具有相同的精度，并应定期送计量部门检定。

投标方提供设备的性能应满足或优于此项。

评标专家可查阅"投标产品的相关试验报告"或"其他的技术资料"为标题的专用章节。

二、交流塔材关键部件

（一）塔脚板制作

（1）塔脚板四周应平整、光滑、无毛刺和裂纹。

（2）塔脚板上的焊接构件应保证其加工精度，在与塔身主材、斜材连接时不得有空隙。

（3）塔脚板在矫正后应平整，不得有凹凸出现，以致影响与基础的连接。

（4）当塔脚钢管直接插入基础时，插入钢管上端法兰接头宜设遮水板。

（5）在钢管塔法兰螺盘处应安装扶手，以保证攀爬安全。

（二）脚钉、爬梯及休息平台

脚钉、爬梯及休息平台应符合 DL/T 5442、GB 50545 的要求。

塔腿各主材应分别设置 2 个接地孔。

（三）警航漆

凡要求安装航空警示灯的高塔，塔身油红、白相间警告色，每段 6～8m。警航漆的涂刷要求在镀锌合格后出厂前完成，为两道底漆加一道面漆的涂层方案，每道涂层的厚度在 100μm 左右。在去脂和干燥时，锌层不应受到损坏。涂层应能经受 10 年以上而不损坏。

跨越通航河流的线路段，应严格按照航道要求安装警告牌。警告牌采用荧光材料。

（四）钢管技术要求

（1）材料及其检验。钢管塔钢管杆件宜采用直缝焊接钢管或无缝钢管，不宜采用螺旋焊管。对于建设在严寒地区输电线路工程，制造方应根据本技术规范或施工图的要求，在材料采购、选择和制造中使用防低温脆断钢种和焊接材料，不得使用沸腾钢。制造方有义务要求设计单位和项目单位澄清工程所采用钢材具体要求，并可在技术偏差表如实反映。

1）钢管和钢板：钢管塔的主要钢材一般为 Q235B 和 Q345B 钢，一部分小口径 Q235B 钢管可用 20 号优质碳素结构钢的无缝钢管或高频焊管。这些钢材的材质钢号均在各张施工图的材料表中注明，未注明材质均使用 Q235B 钢。

2）焊条的材质：对于 Q235B 钢和 20 号钢均用 E43 焊条，对于 Q345B 钢用 E50 焊条，对于 Q390B 钢和 Q420B 钢均用 E55 焊条；当 Q235B 钢与各种材质的钢材焊在一起时，一般使用 E43 焊条，当 Q345B 钢与 Q390B 和 Q420B 钢材焊在一起时，一般使用 E50 焊条。

3）法兰：按结构形式分为带颈法兰和板式法兰，法兰材料、化学成分及力学性能应符合 DL/T 1632。

4）螺栓的强度级别：钢管塔钢管的螺栓均用 8.8 级及 6.8 级，各种螺栓的强度级别应在帽头上加盖识别钢印。

5）螺栓要求：法兰盘连接螺栓要配双帽双垫，螺帽要求配一厚帽和一薄帽（防卸螺母可以替代法兰螺栓的薄螺母），导线横担挂线处的连接螺栓采用双帽加一垫片，U 形插板及单插板连接螺栓配一帽一垫，螺母拧紧后要求丝扣部分外露 2～3 扣，除双帽螺栓以外的螺栓均要求采用一扣紧螺帽。

6）材料检验：各种钢材、焊条、螺栓等均应有出厂证明书，对无证明书的材料、进口钢材或混批材料均应按相应的现行国家产品标准进行全数检查。对用于主要焊缝（例如法兰盘、钢管相贯、受力连接板）的焊接材料，在使用时相应进行抽样复验，对已脱皮和受潮的焊条则禁止使用。每批焊条在使用之前应按规定进行烘干，一次要用多少就烘多少。螺栓应有原材料出厂证明（机械强度及化学成分），并应按强度级别、代表规格进行机械性能检验。检验数量每批抽取 8 套进行复验，断裂不应发生在螺头与螺杆的交接处，并抽查原材料材质。螺栓镀锌如果采用酸洗工艺，应该采取措施防止"氢脆"，否则应采用喷沙工艺。

（2）焊接工艺及检验。

1）厚度在 6mm 及以上的焊接应采用坡口焊缝。

2）钢管杆身或横担的纵向焊缝应尽量布置在钢管的中和轴附近，一般杆身的纵向贯穿焊缝应避开横担方向 20° 以上，横担的纵向焊缝也应避开竖直方向 20° 以上。

3）焊缝质量按焊接连接组装技术要求的规定，焊缝技术要求应符合 GB 50661 和 DL/T 646 中的有关规定，焊缝检验质量标准应符合 GB 50205 中的有关规定进行焊接工、设计、评定并按其结果进行施焊和检查；对于厚度在 20mm 以上的焊件，应采用焊前预热和焊后保温的处理措施来避免焊件的碎裂，危险或过高的焊接应力。

4）焊缝表面不得有裂纹、焊瘤、弧坑裂纹、表面夹渣、表面气孔等缺陷；对于二级焊缝还不得有电弧擦伤等表面缺陷。

5）未注明焊脚（h_m）高度的焊缝，其焊脚高度一般取较薄焊件厚度的 0.9～1.2 倍，且焊件厚度不小于 3mm。

（3）加工件的尺寸及质量要求。

1）钢板的质量、切割和制管允许偏差以及钢管塔构件装配允许偏差应满足 DL/T 646，法兰外观质量、表面粗糙度及尺寸允许偏差应满足 DL/T 1632，构件加工允许偏差还应满足设计要求和表 6–7 的要求。弯折成型的钢管在同一断面内两相互垂直的直径之差不应大于 2.0mm，其纵向接缝不应多于两道，且最小板宽应大于 500mm。

表 6-7　　　　　　　　　　构 件 加 工 允 许 偏 差

序号	项目		允许偏差（mm）	示意图
1	圆盘		D/100 且不大于 3.0	
2	钢管下料端面斜度	钢管外径 D≤95	1.0	
		钢管外径 D>95	1.5	
3	同组内不相邻两孔距离 S_1		±0.7	
4	连接法兰螺栓孔中心圆直径 D		±1.0	
5	法兰盘焊接后平整度		±1.0	

2）螺栓的标准及偏差：法兰盘的螺孔直径大于螺栓直径 2.0＋0.50；剪切连接的螺栓孔的直径大于螺栓直径 1.5＋（0.2/0.5）。

3）螺栓孔的端距、间距、边距以及角钢的螺栓准线除注明者外均按 DL/T 5442 的有关规定确定。

4）法兰盘之间的接触面应该平整和对齐，其大部分面积应紧密接触，最大缝隙不大于 1.5mm，而且翘起变形不能接触的面积不应超过法兰盘总面积的 25%，否则应采取措施加以纠正。

（4）构件装配尺寸及质量要求：构件装配允许偏差除满足 DL/T 646 外，还应满足表 6-8 的要求。

表 6-8   构 件 装 配 允 许 偏 差

序号	项目		允许偏差（mm）	示意图
1	法兰盘旋转变位 E		±1.0	
2	法兰盘装配偏心		±1.0	
3	法兰面对轴线倾斜 P	$D<1500$	1.5	
		$D\geqslant1500$	2.0	
4	各种连板安装角度 α		0.5°	
5	肋板最大偏移 L_1		±2.0	
6	各种连板最大偏移 L_2		±2.0	
7	各种开口中心线的偏移		±1.0	
8	构件长度 L	$L<6m$	±1.5	
		$L\geqslant6m$	±2.0	
9	U 形板与钢管装配偏移 Δ		1.0	

（5）热浸镀锌。

1）角钢塔、钢管塔、钢管杆的所有零部件均采用热浸镀锌防腐（井筒在条件允许的情况下，应采用热镀锌防腐）。

2）锌层的厚度以及均匀性、附着性的符合技术规范书要求。

3）表面不得有毛刺、滴瘤、多余结块、露铁，不应有酸渍和明显色差。

4）锌液温度和镀浸时间应适当控制，不能因为温度过高或镀浸时间过长引起高强度钢的退火。

5）严格控制浸锌过程的构件热变形，弯曲变形不大于 $L/1500$（L 指构件长度）。

6）对于钢管杆，当构件较大，采用热浸镀锌有困难时，在征得设计单位同意后可采用热喷涂进行防腐处理，其技术要求按表 6-9。

表 6-9　　　　　　　　　　　热喷涂防腐处理技术要求

项次	项目名称	技术要求
1	锌层厚度	≥100μm
2	表面清理	进行喷丸处理。喷丸后工件表面应干燥、无灰尘、无油污、无氧化皮、无锈迹，喷丸后应立即进行喷涂处理，放置时间不应超过 2h
3	表面粗糙度	应达到 RZ40～80μm 间的糙度的要求
4	涂层的封闭处理	构件热喷锌结束后的 6h 内应进行封闭处理
5	涂层外观	涂层表面均匀，不允许起皮、鼓泡、大溶滴、裂纹、掉块及其他影响涂层使用的缺陷，接头处不允许有高出平面 0.2mm 的刺锌、滴瘤、结块

（6）塔的试组装及安装。

1）杆件的变形及其矫正方法：塔节段高度和宽度的偏差以及整塔组装后的偏差均应符合 GB 50205 有关规定的要求。

2）钢管塔试组装方式宜优先采用立式组装。如果用分段组装，一次组装的段数不应少于两段，分段部位应保证有连接段组装，且保证每个部件号都经过试组装。

3）试组装时所用的螺栓直径应和实际所用螺栓相同。塔体试组装每一节点所连接的螺栓数量不应少于连接螺栓数总数的 75%，同一组孔螺栓数量少于 3 个（包括 3 个）时应全部安装，并应进行紧固。

4）立式组装过程中应测量断面的中心线的垂直度偏差，其偏差应不大于 0.08%H（H 为试组装高度），设计另有要求的除外。

5）螺栓扭矩值应满足设计要求，应使用液压电动扳手操作。

6）试组装应检查各部件的连接情况，满足设计图及 DL/T 646 的要求。

（7）钢管节点连接的构造要求。

1）在节点处钢管以轴线、角钢以准线汇交于一点。支管与主管的连接节点处，除搭接型节点外，应尽可能避免偏心。

2）在管结构相贯的节点处，支管不得插入主管；支管于主管的连接焊缝应沿全周连续焊接并平滑过渡；支管端部宜使用自动切管机切割，管壁厚在 6mm 及以上者均应切坡口进行焊接。

3）在搭接节点中，应保证搭接部分的支管之间的连接焊缝能可靠地传递内力；当支管厚度不同时，薄壁管应搭在厚壁管上；当支管钢材强度不同时，低强度管应搭在高强度管上。

4）支管于主管之间的连接可沿全周用角焊缝或部分采用对接焊缝、部分采用角焊缝。支管管壁与主管管壁之间的夹角大于或等于 120°的区域宜用对接焊缝或带坡口的角焊缝。角焊缝的焊脚尺寸不宜大于支管壁厚的 2 倍。

5）在有节点板的节点处，节点板自由端宜设加劲板或卷边；节点板较大时，设加劲板加强。

6）钢管对接采用法兰盘或轴线肋板式连接。

7）钢管构件的主要受力部位尽量避免开孔，不得已要开孔时，应采取适当的补强措施，如在孔的周围加焊补强板等。

8）法兰盘加劲板的厚度不应小于板长的 1/15，并不小于 5mm。法兰加劲肋板根部切角，切角尺寸要保证肋板与管壁及与法兰板的焊缝不与环形角焊缝交叉，并能留出便于镀锌的缝隙。在法兰加劲肋端部的杆壁内，必要时设置内加劲环板。钢管与法兰盘的焊接用内外焊接方式，钢管应插入底板一半以上，外焊缝切坡口焊接，内焊缝角焊缝焊接，焊缝焊接尺寸须满足设计和构造要求。

9）钢管构件凡有可能进水的顶端应设封头板。

10）构件局部死角处应开排气孔，若为主要受力部位应采取适当补强措施。

投标方提供设备的性能应满足或优于此项。

评标专家可查阅"投标产品的相关试验报告"为标题的专用章节。

（五）地脚螺栓

地脚螺栓的材质应符合设计文件的要求，所有材料应具有出厂质量合格证明书。钢材的化学成分和力学性能应符合 GB/T 699、GB/T 3077、GB/T 700 和 GB/T 1591 的规定。

地脚螺栓为普通螺栓，螺纹加工按 GB/T 192，螺距取粗牙值；螺栓加工精度 C 级按 GB/T 5780；螺母加工精度 C 级按 GB/T 41。

螺栓、螺母的材质及机械性能应分别符合 GB/T 3098.1 和 GB/T 3098.2 的规定。

45 号优质碳素钢杆件焊接时需进行预热处理。

42CrMo 地脚螺栓原材料应满足《合金结构钢》（GB/T 3077）的要求；42CrMo 材料地脚螺栓应进行调质处理，其抗拉强度为热处理后的强度，并禁止焊接和热弯；地脚螺栓应采用两头丝扣的型式，其性能应符合 GB/T 3098.1《紧固件机械性能　螺栓、螺钉和螺柱》、DL/T 1236《输电杆塔用地脚螺栓与螺母》中 8.8 级地脚螺栓的要求。地脚螺栓外螺纹应采用碾压方法，不得采用切削方法加工。

（六）损耗、备件及合同结算重量

螺栓供货需按图纸中螺栓总数增加 3% 作为安装损耗。考虑螺栓无扣长的加工误差影响，除图中统计的垫圈数量外，需另按施工图中螺栓总数的 5% 增加备用垫圈，以供安装铁塔紧固螺栓（垫在螺帽一侧）之用。铁塔招标重量为设计估算重量，该重量中未包含螺栓安装损耗、备用垫圈、防卸螺栓增重和连接板边角料重量。铁塔结算重量以竣工图中重量为准，但不考虑螺栓安装损耗、备用垫圈、采用防卸螺栓增重和连接板边角料重量引起的铁塔增重，投标方报价时需自行测算。

（七）其他

自铁塔短腿基础顶面起向上 9m 范围内应采用防卸螺栓，其余单螺帽螺栓应采用防松措施，并考虑锈蚀影响。

除防卸螺栓和双帽螺栓外，其余螺栓均配扣紧螺母，防卸螺栓可以代替双帽中的一个螺帽。

钢管塔接地引下线安装孔位置应距离塔座顶面 0.5m 以上。

钢管塔横担需预留施工挂孔。

接地孔、登塔设施、休息平台设置、安全辅助构件设置，根据设计要求执行。

钢管杆应设置防坠落措施，特别是横担应设置栏杆及安全带挂点，由爬梯转移至横担处应设置脚踏板或其他防坠措施。

三、交流塔材关键工艺

（一）切断技术要求

钢材的切断（机械剪切和火焰切割的统称），应优先采用机械剪切，其次应采用自动、半自动和手工火焰切割。钢材切断后，其断口上不应有裂纹和大于 1.0mm 的边缘缺棱，切断处切割面平面度不大于 $0.05t$（t 为厚度），且不大于 2.0mm，割纹深度不大于 0.3mm，局部缺口深度允许偏差 1.0mm。

钢材的切断允许偏差按表 6−10 的规定。

表 6−10　　　　　　　　　钢材的切断允许偏差

项目	允许偏差（mm）	示意图
基本尺寸： 长度 L 或宽度 b	±2.0	
端部垂直度 t	±（2b/100） 且 <±3.0	
切断面垂直度 P	±（S/8） 且 <±3.0	

表 6−10 系按独立原则给出的允许偏差，当被测要素具有相关，即角钢或平面形状为矩形的钢板在同一平面的两端，或角钢在同一端的两个平面，各自的垂直度偏差数值虽未超过表 6−10 的规定，但按相关原则尚需符合下列要求：对在同一平面的两端上的偏差符号应相反；在同一端的两个平面上的偏差符号应相同。

（二）制弯技术要求

零件的制弯，应根据设计文件和施工图规定采用冷弯（宜在室温下）或热弯（加热温度应控制在 900～1000℃）；但不得以氧—乙炔割炬、割嘴烘烤等不均匀加热制弯。碳素结构钢和低合金结构钢在温度分别下降到 700℃和 800℃之前，应结束加工；低合金结构钢应自然冷却。

零件制弯后，钢材的边缘应圆滑过渡，表面不应有明显的折皱、凹面和损伤，表面划痕深度不宜大于 0.5mm。

零件制弯的允许偏差按表 6-11 规定。

表 6-11　　　　　　　　　　零件制弯的允许偏差

项目			允许偏差（mm）	示意图
曲点（线）偏移Δ			±2.0	
制弯度 f	钢板		±（5L/1000）	
	角钢边宽 b（mm）	非接续角钢 b≤50	±（7L/1000）	
		50<b≤100	±（5L/1000）	
		100<b≤200	±（3L/1000）	
	接续角钢不论 b 大小		±（1.5L/1000）	

（三）制孔技术要求

对所有挂线孔，以及对 Q235 材质厚度 $h>16$mm、对 Q345 材质厚度 $h>14$mm、对 Q420 材质厚度 $h>12$mm 和 Q460 材质的钢材，制孔方法为钻制。严格控制制孔工艺，不应出现错孔、漏孔，严禁补孔。其余情况制造时如采取冲制应满足：

（1）对牌号 Q235 的钢材，其冲件厚度不得超过孔的公称直径。

（2）对牌号 Q345 的钢材，其冲件厚度不得超过孔的公称直径减去 1.5mm。

孔壁与零件表面的边界交接处，不得有大于 0.5mm 的缺棱或塌角；冲件表面不得有外观可以看出的凹面。大于 0.2mm 的毛刺须清除。

受力螺栓、螺母及防卸螺栓的级别不应低于 6.8 级。承受拉力的螺栓、连接挂线角钢或挂线板的螺栓应采取有效的防松措施。螺栓及螺栓孔的直径按表 6-12 规定；其他要求按表 6-13 规定。

表 6-12　　　　　　　　　螺栓及螺栓孔的直径

项目			螺纹规格（mm）			示意图
			M16	M20	M24	
螺栓	公称直径 d		16	20	24	
	无螺纹杆部直径 d_s	镀前 max	16.2	20.3	24.3	
		镀前 min	15.5	19.46	23.46	
		镀后 max	16.32	20.42	24.42	
		镀后 min	15.62	19.58	23.58	
螺栓孔	公称直径 D		17.5	21.5	25.5	
	公差		+0.5	+0.5	+0.8	

表 6-13　　　　　　　　　其　他　要　求

项目			允许偏差（mm）	示意图
孔中心线垂直度 c			$\leqslant 0.03t$ 且 $\leqslant 2.0$	
圆度 $d_{max}-d_{min}$			$\leqslant 1.2$	
孔上下直径差 d_1-d			$\leqslant 0.12t$	
孔位置	角钢及钢板排间距离 ε	相邻两排间	±0.7	
		任意两排间	±1.0	
	角钢准距 a		±0.7	
	同一组内任意两孔间 L_1		±0.7	
	同一组内相邻两孔间 L_2		±0.5	
	相邻两组的孔间 L_3		±1.0	
	任意两组的孔间 L_4		±1.5	

续表

项目	允许偏差（mm）	示意图
角钢及钢板的端孔中心至切断线的距离 L_d	±1.5	
角钢端孔中心至切角边缘的距离 L_q（$L_q \geqslant 1.3D$）	±1.5	

注　1. 表 6-13 中"任意……"是"相邻……"的相对词，即前者不包含后者。

　　2. 对于冲制孔的测量均应在其小径的面上进行。

（四）清根、铲背和开坡口技术要求

清根、铲背和开坡口的允许偏差符合表 6-14 的规定。

表 6-14　　　　　　　　清根、铲背和开坡口的允许偏差

项目		允许偏差（mm）	示意图
清根 Δ	$6 < d \leqslant 10$	$+0.8$ -0.4	
	$10 < d \leqslant 16$	$+1.2$ -0.4	
	$d > 16$	$+2.0$ -0.6	
角钢铲背圆弧半径 R_1		$+2.0$ 0	 R 为外包角钢的内圆弧半径
开坡口	开角 α	±5°	
	钝边 c	±1.0	

（五）焊接连接组装技术要求

组装前，连接表面及沿焊缝每边 30～50mm 范围内的铁锈、毛刺和油污等必须清除干净。定位点焊用的焊条型号、质量要求及工艺措施应与正式焊接要求相同，点焊高度不宜超过设计焊缝高度的 2/3，并应由有合格证的工人担任。

焊接连接组装的允许偏差，按表 6-15 规定。焊接连接组装的检验标准

和其他技术要求，应符合 GB 50205、GB/T 2694 的规定。

表 6-15　　　　　　　　　焊接连接组装的允许偏差

项目		允许偏差（mm）	示意图
重心 Z_0	主材	±2.0	
	辅材	±2.5	
端距 L_d		±3.0	
无孔节点板位移 e		±3.0	
跨焊缝的相邻两孔间距 L		±1.0	
搭接构件孔中心相对偏差 K		0.5	
搭接间隙 m	$b \leqslant 50$	1.0	
	$b > 50$	2.0	
T 接板倾斜 f	有孔	±2.0	
	无孔	±5.0	
T 接板位移 δ	有孔	±1.0	
	无孔	±5.0	

（六）焊接技术要求

从事焊接的人员，应取得相应的焊工资格证书。从事高强钢焊接的人员，应取得相应的高强钢焊工资格证书。

焊工焊接的钢材种类、焊接方法和焊接位置等均应与焊工本人考试合格的项目相符。

焊缝质量分级应按设计图纸所要求的焊缝质量级别，以上文件未明确，则焊缝质量分级如下：

一级焊缝：受力角钢、钢板的对接焊缝；导、地线挂点组件除连接加劲板以外的所有水平焊缝。钢管杆横担杆壁与导地线挂线板之间的连接焊缝；杆身加长如套接，套接杆段外套接头处（1.5 倍多边形外套管内对边尺寸加200mm 范围内）的纵向焊缝以及对接杆身环焊缝200mm 范围内的纵向焊缝。

钢管除塔身变坡处外，原则上不允许对接环形焊缝。塔身变坡处钢管如采用弯折局部破口，破口对接焊缝为全熔透的一级焊缝，并设置不少于 4 块竖向加劲板；对塔身变坡处如必须采用环向对接焊时，对接焊缝为全熔透的一级焊缝，且纵向焊缝应错开布置，并设置不少于 4 块竖向加劲板，此处如有水平向的加劲板，其焊缝不得与破口对接焊缝或对接环焊缝重叠。

一级焊缝必须 100%焊透，并施行 100%超声波检查和 100%磁粉探伤，加劲板应在一级焊缝检测合格后再施焊。

二级焊缝：导线、地线挂点组件除一级焊缝及连接加劲板的焊缝以外的其余焊缝；无肋法兰的环向焊缝。二级焊缝必须 100%焊透，并按相关规定施行 20%超声波检查和 20%磁粉探伤。钢管的相贯焊缝；有肋法兰的环向焊缝及肋与钢管、肋与法兰板的焊缝应符合二级焊缝外观质量要求。

三级焊缝：钢管的纵向焊缝，并应完成熔透；设计图纸无特殊要求的其他焊缝。

焊缝技术要求应符合 GB 50661 中的有关规定，焊缝检验质量标准应符合 GB 50205 中的有关规定。

设计要求全焊透的一、二级焊缝应采用超声波探伤进行内部缺陷的检验，超声波不能对缺陷做出判断时，应采用射线探伤，其内部缺陷分级及探伤方法应符合 GB/T 11345 或 GB/T 3323 的规定。超声波探伤和射线探伤检验等级、检验比例和验收级别应按 DL/T 646 的规定。

（七）成品矫正技术要求

矫正后的部件外观不应有明显的凸凹面和损伤，表面划痕深度不宜超过钢材厚度允许偏差值。

零部件冷矫正的曲率半径 $r \geqslant 90b$；弯曲矢高 $f \leqslant L^2/720b$（b 为角钢边宽，L 为弯曲弦长）。

成品矫正允许偏差，按表 6–16 的规定。

表 6–16 　　　　　　　　成品矫正允许偏差

项目			允许偏差（mm）	示意图
角钢顶端直角正弦值 f	接头处	外置材	+ （1.0b/100） 0	
		内置材	0 − （1.0b/100）	
	其他		± （2b/100）	
型钢及钢板平面内的挠曲 f	$b \leqslant 80$		± （1.3L/1000）	
	$b > 80$		± （1.0L/1000）	
焊接构件平面内挠曲 f	接点间挠曲	主材	± （1.3L/1000）	
		辅材	± （1.5L/1000）	
	整个平面挠曲		± （L/1000）	

（八）热浸镀锌要求

角钢塔、钢管塔、钢管杆的所有零部件均采用热浸镀锌防腐（井筒在条件允许的情况下，应采用热镀锌防腐）。对于钢管杆，当构件较大，采用热浸镀锌有困难时，在征得设计单位同意后可采用热喷涂进行防腐处理。

热浸镀锌过程中应控制构件的变形，当超过规范要求时应进行矫正，矫正中若损坏镀锌层应重新镀锌。

用于热浸镀锌的锌浴主要应由熔融锌液构成。熔融锌中的杂质总含量

（铁、锡除外）不应超过总质量的 1.5%，所指杂质见 GB/T 470 的规定。

锌层的外观、均匀性和附着性应不低于 GB/T 2694 标准的要求，具体规定如下：

外观：镀锌层表面应连续完整，并具有实用性光滑，不得有过酸洗、漏镀、结瘤、积锌、毛刺和锐点等使用上有害的缺陷，镀锌颜色一般呈灰色或暗灰色。

均匀性：镀锌层应均匀，做硫酸铜试验，耐浸蚀次数应不低于 4 次，且不露铁。

附着性：镀锌层应与基本金属结合牢固，经落锤试验镀锌层不凸起、不剥离。

考虑南方沿海高湿、工业污染等大气环境影响，特别是沿海（离海岸线 20km 范围内）、工业区（工业污源点 1～2km 范围内）等重腐蚀的地区，钢制件镀锌层厚度应不低于表 6-17 中的规定。为保证设备有足够的服役时间，非重腐蚀地区也按照表 6-17 的规定执行。

表 6-17　　　　　　　　　　　试品镀锌层厚度最小值

制件及其厚度（mm）	最小厚度（μm）	平均厚度（μm）
钢件，≥5	85	100
钢件，<5	65	75
紧固件，直径≥20mm	50	60
紧固件，直径<20mm	45	55

放样时，应在合理的部位开设镀锌通气孔；焊接时，若形成大于 200mm×200mm 的密闭腔，也应开设镀锌通气孔。开孔的位置和开孔大小应征得设计单位的同意。

镀锌后每根构件的弯曲变形应不超过 $L/1500$（L 为构件长度），且不大于 5mm，否则，应通过机械方法进行冷矫正。严禁对热浸镀锌后的构件再切割或开孔。

镀锌层平均附着量即厚度和面密度，通常以金属涂镀层测厚仪直接测量锌层厚度。发生争议时，以脱层试验方法测试面密度作为仲裁。

镀锌后的工件应立即投入重铬酸盐溶液中进行处理，溶液浓度约 0.15%（质量百分比）、溶液温度约（55±15）℃。如采取其他溶液，应保证不低于本规定效果。

修复：修复的总漏镀面积不应超过每个镀件总表面积的 0.5%，每个修复镀锌面不应超过 10cm²，若漏镀面积较大，这些制件应返镀。修复的方法可以采用热喷涂锌或者涂富锌涂层等方法进行修复，修复层的厚度应比镀锌层要求的最小厚度厚 30μm 以上。

镀锌质量检验：

（1）镀锌层外观质量用目视方式检查，其外观质量应满足 GB/T 13912 的规定。

（2）镀锌层厚度用金属涂层测厚仪进行检测，钢管构件在两端（离边缘距离不小于 100mm）和中间任意位置各环向均匀测量 4 点，取 12 点的算术平均值作为该构件的锌层厚度。有争议时，按 GB/T 2694 规定的方法作为仲裁试验法。

（九）试拼与试装检查技术要求

零件、部件加工后，应按施工图进行试拼与试装检查。试拼检查是将束件各层所有的零件合拼一起，检查孔的位置正确性；试装检查是将一定单元（整塔或其分段）的零件、部件组装一起，检查其控制尺寸和安装适宜性。试拼与试装检查应满足下列技术要求：

（1）铁塔的试装可采用黑件、卧式或立式试组装，应组装 4 个面（个别塔腿可装 2 个面）。铁塔试组装时应有招标方的代表及设计、监理、施工等有关单位人员参加。组装时各零件均应按施工图要求进行就位。安装不适应查明原因，不得强行组装。

（2）试拼、试装中，当检查束件上孔的位置正确性时，应用量规进行。采用比螺栓公称直径大 0.3 或 0.4mm（前者适用于镀后检查，后者适用于镀前检查）的量规检查时，束件上所有孔应全部通过。

（3）用于试装的零件、部件，应从具有互换性的产品中提取；用于试装的螺栓应与图纸设计要求一致。试装时，所使用的螺栓数目应不少于连接杆件端部螺栓总数的 75%，同一组孔螺栓数量少于 3 个（包括 3 个）时应全部安装，并应进行紧固。

（4）采用插入式基础的铁塔，其插入角钢应和塔腿联合放样、加工，并一起试组装。当插入角钢不在招标采购范围内时，插入角钢亦应和塔腿联合放样。

（5）铁塔试组装检验应包括（但不限于）以下项目：

1）塔型控制尺寸检查；

2）构件规格与设计图或经批准的设计转换图的校对；

3）构件偏差的抽查；

4）构件几何断面尺寸偏差的抽查。

（6）试装中发现的问题应做好记录并应及时处理。损坏的镀锌层应进行重新镀锌；需要修改的部位，应由投标方提出清单报项目管理单位，经原设计单位修改、招标方批准后，投标方再按修改的图纸、文件进行加工；对修改的部位再加工后，仍需进行试组装。如投标方未按上述程序加工，其后果由投标方承担。

（7）铁塔的试装，应保证每一种塔型都应经过试组装，经检验合格后方可投入批量生产。

第三节　交　流　电　力　电　缆

一、交流电力电缆关键性能指标

（一）使用寿命

工程使用电力电缆必须是全新的、耐用的，满足作为一个完整产品一般所能满足的全部要求，应保证电力电缆设计寿命 30 年。

投标方提供设备的性能应满足或优于此项。

评标专家可查阅"投标产品的相关试验报告"或"其他的技术资料"为

标题的专用章节。

（二）绝缘试验

XLPE 电缆应开展型式试验、预鉴定试验、例行试验、抽样试验和竣工试验。具体的检验项目和试验方法应与引用的相应电压等级 XLPE 电缆的 IEC、国家及行业标准及技术规范书的要求一致。

本技术规范中的试验要求与相应电压等级电缆国家标准的要求不一致时，按较严标准执行。

投标方提供设备的性能应满足或优于此项。

评标专家可查阅"投标产品的相关试验报告"或"其他的技术资料"为标题的专用章节。

（三）型式试验

试验项目、方法和要求应符合 GB/T 11017（110kV）、GB/T 18890（220kV）的规定。

投标方提供设备的性能应满足或优于此项。

评标专家可查阅"投标产品的相关试验报告"或"其他的技术资料"为标题的专用章节。

（四）预鉴定试验

试验项目、方法和要求应符合 IEC 60840 和 GB/T 11017（110kV）、IEC 62067 和 GB/T 18890（220kV）规定。

投标方提供设备的性能应满足或优于此项。

评标专家可查阅"投标产品的相关试验报告"或"其他的技术资料"为标题的专用章节。

（五）例行试验

试验范围：在所有制造电缆长度上进行。

试验项目、方法和要求应符合 GB/T 11017、GB/T 18890 的规定，且交流耐压试验后应进行局部放电试验。

下列试验应在每根制造长度电缆上进行：

（1）局部放电试验；

（2）电压试验；

（3）非金属护套的电气试验。

对有空隙的皱纹铝套，应增加对金属套充氮气 0.4MPa、经 2h（在工序中测）后无泄漏的气密性试验，并提供相应的试验报告。

投标方提供设备的性能应满足或优于此项。

评标专家可查阅"投标产品的相关试验报告"或"其他的技术资料"为标题的专用章节。

二、交流电力电缆关键部件

（一）导体的直流电阻

导体的直流电阻，110kV 应符合 GB/T 3956 规定，220kV 应符合 GB/T 18890.2 规定。

导体标称截面积为 800mm² 以下时，应采用符合 GB/T 3956 的第 2 种紧压绞合圆形结构。

导体标称截面积≥800mm² 时，应采用分割导体结构。非分割导体电缆结构和分割导体结构截面图分别如图 6-1 和图 6-2 所示。

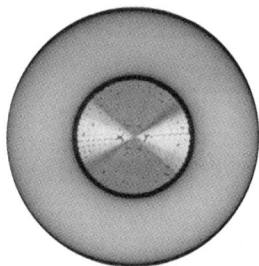

图 6-1　电缆结构示意（非分割导体结构）　　图 6-2　分割导体结构截面图

投标方提供设备的性能应满足或优于此项。

评标专家可查阅"投标产品的相关试验报告"为标题的专用章节。

（二）导体屏蔽

导体屏蔽其厚度近似值为 2.0mm，其中挤包半导电层厚度近似值为

1.5mm（最小值不低于 1.1mm）。

投标方提供设备的性能应满足或优于此项。

评标专家可查阅"投标产品的相关试验报告"为标题的专用章节。

（三）绝缘屏蔽厚度

绝缘屏蔽厚度近似值为 1.0mm，最小厚度不小于 0.8mm。

投标方提供设备的性能应满足或优于此项。

评标专家可查阅"投标产品的相关试验报告"为标题的专用章节。

（四）绝缘层的标称厚度

绝缘层的标称厚度应符合 GB/T 11017《额定电压 110kV（U_m=126kV）交联聚乙烯绝缘电力电缆及其附件》、GB/T 18890《额定电压 220kV（U_m=252kV）交联聚乙烯绝缘电力电缆及其附件》的规定，绝缘平均厚度与标称值应为正公差，其公差不大于其标称值的 10%+0.1mm。最小测量厚度应不小于标称值的 95%。

投标方提供设备的性能应满足或优于此项。

评标专家可查阅"投标产品的相关试验报告"为标题的专用章节。

（五）绝缘偏心度

绝缘偏心度不大于 5%，即

$$\frac{绝缘最大厚度-绝缘最小厚度}{绝缘最大厚度}\times100\% \leqslant 5\%$$

其中：最大绝缘厚度和最小绝缘厚度为同一截面上的测量值。

投标方提供设备的性能应满足或优于此项。

评标专家可查阅"投标产品的相关试验报告"为标题的专用章节。

（六）皱纹铝套和铝套的厚度

皱纹铝套和铝套的厚度应符合 GB/T 11017、GB/T 18890 的规定。铅套的最小厚度应不小于其标称厚度的 95%-0.1mm，皱纹铝套的最小厚度应不小于其标称厚度的 90%-0.1mm。

投标方提供设备的性能应满足或优于此项。

评标专家可查阅"投标产品的相关试验报告"为标题的专用章节。

（七）非金属外护套

非金属外护套的性能、厚度及绝缘水平应符合 GB/T 11017、GB/T 18890 的规定。

隧道内电缆非金属外护套应采用低烟低卤或低烟无卤阻燃料，燃烧试验应取得具有国家相关试验资质的部门试验报告。

电缆的防蚁性能应满足 JB/T 10696.9《电线电缆机械和理化性能试验方法　第 9 部分：白蚁试验》根据蚁巢法达到 1 级蛀蚀等级，并提供国家权威机构出具的抗白蚁试验报告。

投标方提供设备的性能应满足或优于此项。

评标专家可查阅"投标产品的相关试验报告"为标题的专用章节。

（八）电缆牵引头

（1）电缆牵引头（如图 6-3 所示）应压接在导体上，与金属套的密封优先采用焊接密封，密封性能良好，并能承受与电缆相同的敷设牵引力和侧压力。

（2）电缆内端头采用钢制或铝制封帽，与金属套的密封采用铅封或焊接密封，密封性能良好。

（3）牵引头与金属护套连接部位用防水密封套密封，牵引头的热缩套对牵引头和电缆的重叠长度分别不小于 200mm，在运输、储存、敷设过程中保证电缆密封不失效，电缆尾端应参考牵引头侧的密封方式进行密封。牵引头与金属护套连接部位密封失效案例如图 6-4 所示。

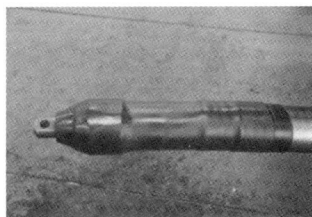

图 6-3　正常牵引头外观

图 6-4　牵引头与金属护套连接部位密封失效案例

投标人提供设备的性能应满足此项。

评标专家可查阅"投标产品的相关试验报告"或"其他的技术资料"为标题的专用章节。

三、交流电力电缆关键工艺

投标人应提供对应应标交流电力电缆设备型号的技术资料和图纸，具体包括：

（1）鉴定证书、型式试验报告及最新的国家技术监督局抽检报告。

（2）电缆断面图及结构尺寸（注明每部分厚度、外径及其公差）。

（3）电缆的规格说明（如：电性能参数、弯曲半径等）。

（4）牵引头和封帽的结构图。

（5）各类计算书（含依据的计算公式、有关参数选择和计算结果）：持续（100%负荷率）运行载流量（计算应循依 IEC 60287 等公认标准方法）；短时过负荷曲线；电缆导体以及金属屏蔽（金属套）的短路热稳定校验；绝缘厚度的确定。

（6）绝缘的最小工频平均击穿场强和最小冲击平均击穿场强的试验报告。

（7）外护套防白蚁、阻燃的试验报告。

（8）原材料来源（含绝缘料、半导电料的供货商及其牌号）、性能指标和参数。

（9）电缆纵向阻水性能报告。

（10）供货记录。

（一）XLPE 电缆

XLPE 电缆应采用立塔干式（VCV）交联工艺生产（生产线如图 6-5 所示），干法冷却，内、外半导电层与绝缘层必须三层共挤；三层共挤工艺（如图 6-6 所示）完成后应进行充分去气。

（二）绝缘材料

绝缘材料应为进口超净化可交联聚乙烯料，其性能应符合 GB/T 11017、GB/T 18890 的规定。考虑材料的保存环境和保存要求，绝缘料从生产之日到使用不应超过半年。

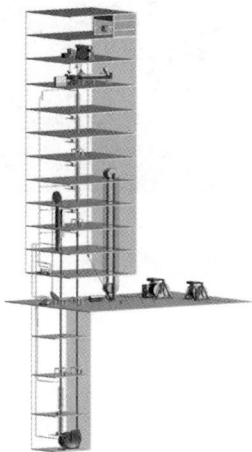

图 6-5　立塔式生产线

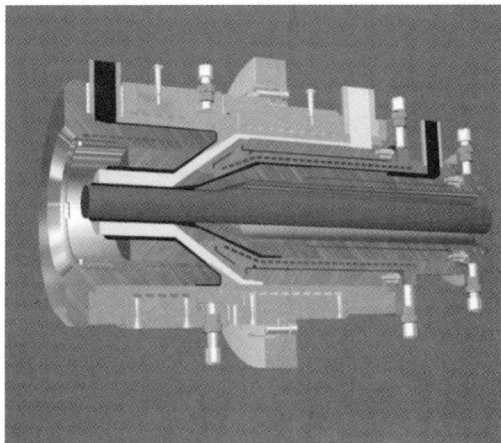

图 6-6　三层共挤工艺

绝缘材料最小工频平均击穿场强应不小于 30kV/mm，最小冲击平均穿场强应不小于 60kV/mm。

电缆绝缘与绝缘屏蔽界面及绝缘屏蔽表面，不应有微平面（横断面的圆割线）。

（三）防水层

（1）径向防水层应采用铅套或金属铝套，或采用综合防水层。

（2）绝缘屏蔽与金属套间应有纵向阻水结构，纵向阻水结构应由半导电阻水膨胀带绕包而成，半导电阻水带应绕包紧密、平整、无擦伤，其半导电电阻率应不大于绝缘屏蔽层的电阻率。电缆纵向阻水结构应能满足 GB/T 11017.1 和 GB/T 18890.1 规定的透水试验要求，生产厂家应采取避免阻水材料在生产过程中吸潮的措施。导电阻水带电阻率过高时引起放电烧蚀甚至击穿案例如图 6-7 所示。

（3）如对电缆导体也有纵向阻水要求时，导体绞合时应绞入阻水绳等材料。

（4）阻水材料应与其相邻的其他材料相容。

(a)　　　　　　　　　　　　(b)

图 6-7　半导电阻水带电阻率过高时引起放电烧蚀甚至击穿

第四节　交流电力电缆附件

一、交流电力电缆附件关键性能指标

（一）使用寿命

工程使用电力电缆附件必须是全新的、耐用的，满足作为一个完整产品一般所能满足的全部要求，应保证电力电缆附件设计寿命 30 年。

投标方提供设备的性能应满足或优于此项。

评标专家可查阅"投标产品的相关试验报告"或"其他的技术资料"为标题的专用章节。

（二）试验

XLPE 电缆附件应开展型式试验、预鉴定试验、例行试验、抽样试验和竣工试验。具体的检验项目和试验方法应与引用的相应电压等级 XLPE 电缆附件的 IEC、国家及行业标准及技术规范书的要求一致。

投标方提供设备的性能应满足或优于此项。

评标专家可查阅"投标产品的相关试验报告"或"其他的技术资料"为标题的专用章节。

（三）型式试验

试验项目、方法和要求应符合如下规定：

110kV：GB/T 11017.1 第 15 条、GB/T 11017.3 第 8.3 条。

220kV：GB/T 18890.1 第 12 条和第 15 条、GB/T 18890.3 第 8.4 条。

投标方提供设备的性能应满足或优于此项。

评标专家可查阅"投标产品的相关试验报告"或"其他的技术资料"为标题的专用章节。

（四）预鉴定试验

试验项目、方法和要求应符合 IEC 60840 和 GB/T 11017.1 第 13 条（110kV）、IEC 62067 和 GB/T 18890.1 第 13 条（220kV）规定。

投标方提供设备的性能应满足或优于此项。

评标专家可查阅"投标产品的相关试验报告"或"其他的技术资料"为标题的专用章节。

（五）例行试验

试验项目、方法和要求应符合如下规定：

（1）110kV：GB/T 11017.3 第 8.1 条；

（2）220kV：GB/T 18890.3 第 8.2 条；

（3）交流耐压试验后应进行局部放电试验。

具体要求如下：

（1）110kV 附件部件的例行试验项目：

1）预制橡胶绝缘件的局部放电试验，试验电压应逐渐升到 $1.75U_0$ 并保持 10s，然后慢慢地降到 $1.5\ U_0$。在 $1.5\ U_0$ 下，被试品应无超过申明灵敏度的可检测的放电。

2）预制橡胶绝缘件的电压试验，试验电压应施加在导体和金属屏蔽/金属套间逐渐地升到 $2.5\ U_0$，然后保持 30min。绝缘不应发生击穿。

预制橡胶绝缘件包括应力锥或整体预制的组合应力控制绝缘件。

（2）220kV 附件预制橡胶绝缘件的例行试验应包括以下项目：

1）密封金具的密封试验，经制造方和招标方同意，密封金具的密封试验可以采用检漏仪、压力泄漏试验、真空漏增试验等方式进行。

2）预制橡胶绝缘件的局部放电试验，试验电压应逐渐升到 $1.75\ U_0$ 并保持 10s，然后慢慢地降到 $1.5 U_0$。在 $1.5 U_0$ 下，被试品应无超过申明灵敏度的可检测的放电。

3）预制橡胶绝缘件的电压试验，电压试验应在环境温度下以工频交流电压进行。试验电压应施加在导体和金属屏蔽和（或）金属套间逐渐地升到 $2.5 U_0$，然后保持 30min。绝缘不应发生击穿。

预制橡胶绝缘件包括应力锥或整体预制的组合应力控制绝缘件。

交流耐压试验后应进行局部放电试验。

投标方提供设备的性能应满足或优于此项。

评标专家可查阅"投标产品的相关试验报告"或"其他的技术资料"为标题的专用章节。

二、交流电力电缆附件关键部件

（一）电缆接头

电缆接头应为预制式。

投标方提供设备的性能应满足或优于此项。

评标专家可查阅"投标产品的相关试验报告"为标题的专用章节。

（二）接头保护盒（壳）

电缆接头应配置铜保护壳，并具有良好的防水防腐性能。铜保护壳覆盖接头长度不低于 90%。

直埋安装的接头应有加强保护盒，加强保护盒应具有良好的防水性能，其性能应满足 GB/T 11017.1、GB/T 18890.1 附录 G 规定的试验要求，且应提供相应的试验报告。保护盒内填充无需加热处理的防水材料。且应提供填充混合材料固化后性能试验报告。

投标方提供设备的性能应满足或优于此项。

评标专家可查阅"投标产品的相关试验报告"为标题的专用章节。

户外终端顶部应能承受 2kN 的水平荷载。

户外终端爬距：

（1）110kV：e 级污区——瓷套型爬距大于 4158mm，复合套型爬距大于

3150mm。

（2）220kV：e 级污区——瓷套型爬距大于 7812mm，复合套型爬距大于 6300mm。

投标方提供设备的性能应满足或优于此项。

评标专家可查阅"投标产品的相关试验报告"或"其他的技术资料"为标题的专用章节。

（三）底座绝缘子

户外终端必须具有使终端的底座与支架相绝缘的底座绝缘子，其安装方式应设计成在需要更换该绝缘子时不需要吊起或拆卸终端，其性能应符合 DL/T 508 的规定。

投标方提供设备的性能应满足或优于此项。

评标专家可查阅"技术规范书要求的图纸"为标题的专用章节。

（四）接地用接线端子

户外终端的尾管必须有接地用接线端子，应采用铜端子双孔型式结构。接地线与尾管连接必须采用螺栓连接，不应采用压接及焊接地线的方式。终端的尾管材质要求采用不少于 2.8mm 厚黄铜材料制作，尾管法兰材质可采用黄铜。

户外终端与金属护套应采用封铅或铜编织带搪铅实现可靠电气连接，不得采用钢箍、恒力弹簧或环氧方式固定。

投标方提供设备的性能应满足或优于此项。

评标专家可查阅"技术规范书要求的图纸"为标题的专用章节。

（五）GIS 终端

GIS 终端（结构如图 6-8 所示）与金属护套应采用封铅或铜编织带搪铅实现可靠电气连接，不得采用钢箍、恒力弹簧或环氧方式固定。

GIS 终端的尾管必须有接地用接线端子，应采

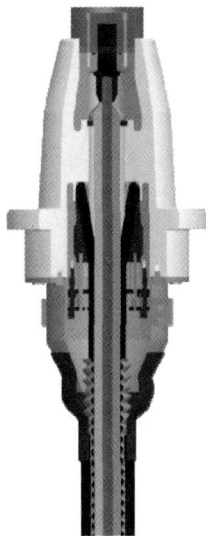

图 6-8 GIS 终端结构示意

用铜端子双孔型式结构。接地线与尾管连接必须采用螺栓连接，不应采用压接及焊接地线的方式。终端的尾管材质要求采用不少于 2.8mm 厚黄铜材料制作，尾管法兰材质可采用黄铜。

投标方提供设备的性能应满足或优于此项。

评标专家可查阅"技术规范书要求的图纸"为标题的专用章节。

（六）表面绝缘与半导电交界面结合线

电缆接头、终端橡胶预制件内表面的绝缘与半导电交界面结合线允许绝缘超过交界面结合线覆盖半导电≤3mm（见图 6-9 中的 H 标示），但禁止半导电超过交界面结合线覆盖绝缘。

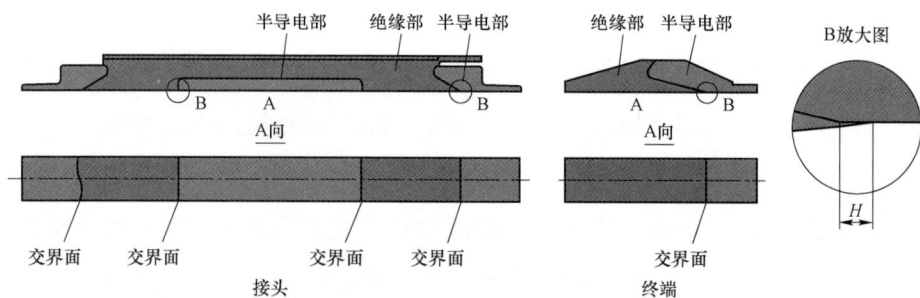

图 6-9　偏差示意图

投标方提供设备的性能应满足或优于此项。

评标专家可查阅"投标产品的相关试验报告"或"其他的技术资料"为标题的专用章节。

（七）护层过电压保护器

（1）保护器材料：无间隙氧化锌阀片。

（2）保护器方波容量：110kV 不小于 400A，220kV 不小于 600A。

（3）保护器通过 8/20μs、10kA 冲击电流时的残压不大于 5kV。

（4）保护器在 3kV 工频电压下能承受 5s 而不损坏。

（5）保护器应能通过最大冲击电流累计 20 次而不损坏。

投标方提供设备的性能应满足或优于此项。

评标专家可查阅"投标产品的相关试验报告"或"其他的技术资料"为标题的专用章节。

（八）交叉互联接地箱及直接接地箱、保护接地箱

（1）带电部分对箱体的绝缘水平应不低于电缆非金属外护层的绝缘水平。建议在内陆地区采用 304 号不锈钢材料，在沿海地区选用具有足够抗晶间腐蚀能力的奥氏体不锈钢材料，箱体厚度不小于 2mm，箱盖厚度不小于 2.8mm，且上方有两个可活动门型把手。箱体与箱盖接触的法兰面厚度不小于 5mm，以保证箱体有足够的机械性能，箱体防水等级为 IP68。

（2）箱外壳的防水性能和防腐蚀性能应满足 DL/T 508《交流（110kV～330kV）自容式充油电缆及其附件订货技术规范》准要求，密封圈材料建议采用丁腈橡胶。密封圈应能在额定负荷下长期使用。应提供试验报告和箱体防水结构图纸。

投标方提供设备的性能应满足或优于此项。

评标专家可查阅"投标产品的相关试验报告"或"其他的技术资料"为标题的专用章节。

（九）同轴电缆及接地线

（1）导体截面应满足短路电流产生的热机械性能要求。

（2）同轴电缆内外导体间以及外导体对地绝缘水平应不低于电缆非金属外护层的绝缘水平。

（3）接地线导体对地绝缘水平应不低于电缆非金属外护层的绝缘水平。

（4）同轴电缆及接地线的主绝缘材料为 XLPE，厚度参照 GB/T 12706《额定电压 1kV（$U_m = 1.2kV$）到 35kV（$U_m = 40.5kV$）挤包绝缘电力电缆及附件》要求执行，不应有半导电层和屏蔽层（如铜丝屏蔽等）。根据应用环境不同，有阻燃要求的同轴电缆及接地线外层绝缘应采用有阻燃性的 PVC 材料，无阻燃要求的同轴电缆及接地线外层绝缘应采用 HDPE 材料。

（5）同轴电缆及接地线的直流电阻应符合 GB/T 3956 的要求。

投标方提供设备的性能应满足或优于此项。

评标专家可查阅"投标产品的相关试验报告"或"其他的技术资料"为标题的专用章节。

三、交流电力电缆附件关键工艺

投标人应提供对应应标交流电力电缆附件设备型号的技术资料和图纸，具体包括：

（1）鉴定证书、型式试验报告及最新的国家技术监督局抽检报告。

（2）护层过电压保护器的伏安特性曲线。

（3）绝缘油的性能。

（4）附件的结构尺寸图，采用 A0 规格的比例图纸，图纸上方有所用工程名称和加盖厂家技术盖。

（5）附件的全部安装工艺说明。

（6）附件安装所需的专用工具、通用工具清单和消耗材料清单。

（7）附件绝缘材料的存储条件和有效使用期。

（8）提供原材料供应商名称、原材料的技术参数及生产产品的产地等资料。

（9）近三年的国内供货记录。

（一）橡胶应力锥和橡胶绝缘件的绝缘料和半导电料

橡胶应力锥和橡胶绝缘件的绝缘料和半导电料推荐采用符合表 6-18、表 6-19 的材料，同时性能要求应不低于 GB/T 20779.2—2007《电力防护用橡胶材料　第 2 部分：电缆附件用橡胶材料》。

表 6-18　　　　　　　　　　　　三元乙丙橡胶料的性能

序号	项目	单位	绝缘料	半导电料
1	老化前机械性能			
1.1	抗张强度	N/mm^2	≥6.0	≥10.0
1.2	断裂伸长率	%	≥400	≥250
1.3	硬度	邵氏 A	≤65	≤75
2	空气箱老化后机械性能 老化条件：（135±3）℃，7 日			
2.1	抗张强度变化率	%	≤±30	≤±30
2.2	伸长率的变化率	%	≤±30	≤±30

续表

序号	项目	单位	绝缘料	半导电料
3	电气性能（室温下）			
3.1	体积电阻率（23℃）	Ω·cm	$\geqslant 1.0 \times 10^{15}$	$\leqslant 1.0 \times 10^{3}$
3.2	$\tan\delta$	—	$\leqslant 5.0 \times 10^{-3}$	—
3.3	介电常数	—	2.5～3.5	
3.4	短时工频击穿电场强度	MV/m	$\geqslant 22$	

表 6-19　　　　　　　　　硅橡胶料的性能

序号	项目	单位	绝缘料	半导电料
1	老化前机械性能			
1.1	抗张强度	N/mm²	$\geqslant 5.0$	$\geqslant 5.5$
1.2	断裂伸长率	%	$\geqslant 450$	$\geqslant 300$
2	空气箱老化后机械性能 老化条件：（135±3）℃，7 日			
2.1	抗张强度变化率	%	$\leqslant \pm 30$	$\leqslant \pm 30$
2.2	伸长率的变化率	%	$\leqslant \pm 30$	$\leqslant \pm 30$
3	电气性能（室温下）			
3.1	体积电阻率（23℃）	Ω·cm	$\geqslant 1.0 \times 10^{15}$	$\leqslant 1.0 \times 10^{3}$
3.2	$\tan\delta$	—	$\leqslant 4.0 \times 10^{-3}$	
3.3	介电常数	—	2.5～3.5	
3.4	短时工频击穿电场强度	MV/m	$\geqslant 22$	

（二）橡胶应力锥和橡胶绝缘件

橡胶应力锥和橡胶绝缘件应无气泡、焦烧物和其他杂质，其内外表面应光滑且平直，应无凹陷、伤痕、裂痕和突起物。绝缘与半导体屏蔽的界面应结合良好，应无裂纹和剥离现象。半导电屏蔽应无杂质。

（三）液体绝缘填充剂

（1）绝缘填充剂应与相接触的绝缘材料及结构材料相容。

（2）110kV 对乙丙橡胶应力锥推荐采用硅油作为绝缘填充剂，对硅橡胶应力锥推荐采用聚异丁烯或高黏度硅油或硅凝胶作为绝缘填充剂。220kV 终端对乙丙橡胶应力锥终端推荐采用经真空去气的低黏度硅油作为液体绝缘填充剂。对 220kV 硅橡胶应力锥终端推荐采用聚异丁烯或高黏度硅油作为液体绝缘填充剂。

（3）推荐采用符合表 6-20 要求的硅油作为液体绝缘填充剂。

表 6-20　　　　　　　　　　硅油的性能指标

序号	项目		单位	性能指标
1	外观			无色透明、无杂质
2	运动黏度（25℃）	低黏度硅油	mm²/s	40～1000
		高黏度硅油		7000～13 000
3	黏度最大变化率		%	±5
4	闪点		℃	>300
5	折光指数（25℃）			1.42～1.47
6	击穿电压（电极间距 2.5 mm）		kV	>35
7	体积电阻率（25℃）		Ω·m	$>8×10^{12}$
8	挥发度（150℃，3 h）		%	<0.5

（四）防水浇注剂（如配置）

推荐采用聚氨酯混合物作为接头保护盒的防水浇注剂，铜保护壳内应填充纯度较高的聚氨酯混合物：

（1）浇注剂应具有良好的防水密封性能，并对周围材料无有害作用。浇注剂应对环境无污染。

（2）接头浇注剂应具有较好的阻燃性能，其阻燃等级应达到 GB/T 10707《橡胶燃烧性能测定》规定的 FV-0 等级。厂家在投标时应提供其阻燃性能试验报告。

（3）浇注剂应不影响电缆接头的散热、电气等其他性能。

（4）对需要承受外界机械压力的防水浇注剂（如玻璃钢保护盒用于直埋时），应具有满足使用条件所要求的机械强度。

第五节　交流盘型悬式绝缘子

一、交流盘型悬式绝缘子关键性能指标

（一）使用寿命

交流盘型悬式绝缘子在正常使用条件下，保证使用寿命 30 年以上。

投标方提供设备的性能应满足或优于此项。

评标专家可查阅"投标产品的相关试验报告"或"其他的技术资料"为标题的专用章节。

（二）试验要求

盘形悬式玻璃绝缘子的检验分为型式试验、逐个试验和抽样试验。抽样试验和型式试验应在逐个试验之后进行。

试验应按有关标准进行。绝缘子的型式试验和抽样试验由买方认可的国家授权的行业及以上产品质检中心承担，并向买方提供由检验机构出具的检验报告，试验所涉及的费用均由卖方承担。

在绝缘子发运前卖方应向买方提供 6 份正式试验报告的副本。未做过型式试验和抽样试验的绝缘子不得供货。

投标方提供设备的性能应满足或优于此项。

评标专家可查阅"投标产品的相关试验报告"为标题的专用章节。

（三）逐个试验

逐个试验项目如下：

（1）外观检查。按 GB/T 775.1《电动汽车无线充电系统　第 1 部分：通用要求》进行。

（2）逐个机械负荷试验。按 GB/T 775.3《电动汽车无线充电系统　第 3 部分：特殊要求》进行。

绝缘子逐个试验后，投标方应在绝缘子钢帽上采用不可擦洗涂料喷涂绝缘子型号、逐个试验的试验线代码、试验日期及时间等内容。

投标方提供设备的性能应满足或优于此项。

评标专家可查阅"投标产品的相关试验报告"或"其他的技术资料"为标题的专用章节。

（四）抽样试验

抽样试验分 3 种，即工厂抽样试验（由工厂自行完成）、第三方抽样验收试验和现场抽样验收试验。第三方抽样验收试验按技术规范书规定的项目和顺序进行。现场抽样验收项目及试品数量由买方视情况决定。

投标方提供设备的性能应满足或优于此项。

评标专家可查阅"投标产品的相关试验报告"为标题的专用章节。

二、交流盘型悬式绝缘子关键部件

（一）钢化玻璃件

用作绝缘子的钢化玻璃件应符合 JB/T 9678《盘形悬式绝缘子用钢化玻璃绝缘件外观质量》和 GB/T 1001.1《标称电压高于 1000V 的架空线路绝缘子 第 1 部分：交流系统用瓷或玻璃绝缘子元件定义、试验方法和判定准则》的规定，应密实，不应有结石、裂纹、折痕、缺料、杂质及明显碰撞痕迹等缺陷，气泡的数量及大小应符合 JB/T 9678 的要求，在其表面应有均匀的钢化层，所有外露的玻璃表面应平整、光滑。

投标人提供设备的性能应满足或优于此项。

评标专家可查阅"投标产品的相关试验报告"为标题的专用章节。

（二）铁帽及钢脚

绝缘子的铁帽应符合 JB/T 8178 的规定，绝缘子的钢脚应符合 JB/T 9677 的规定。金属部件的所有表面应光滑、无凸出点或不均匀性，以防引起电晕。钢脚表面应平整，毛刺、飞边残留、合模缝以及锌堆、锌渣等缺陷的凸起高度不大于 0.3mm，但对脚球连接部分球面不允许有任何凸起的缺陷存在。局部氧化和碰伤等缺陷的凹痕深度对于连接部分应不大于 0.3mm，其他部分应不大于 0.4mm，单个缺陷面积不大于 $0.6mm^2$ 且总缺陷不得多于 2 处。

投标人提供设备的性能应满足或优于此项。

评标专家可查阅"投标产品的相关试验报告"为标题的专用章节。

（三）锁紧销

（1）锁紧销应符合 GB/T 25318《绝缘子串元件球窝联接用锁紧销尺寸和试验》8 的规定。球头和球窝联接的绝缘子应装备有可靠的开口型锁紧装置。160kN 及以上应采用 R 型销。R 型销应有两个分开的末端使其在锁紧及连接的状态下，防止它完全从球窝内脱出；120kN 及以下可使用 W 型销，W 型销的形状应使其在连接和锁紧操作时将保持两个不同的位置。W 型销的开关还应使其从锁紧位置转到联接位置时，能防止从窝内完全脱出。

（2）锁紧销应采用不锈钢材料制作，材料不应有防腐蚀表面层，并与绝缘子成套供应。为防止脱漏，销腿末端弯曲部分尺寸严格满足标准规定。把锁紧销的末端分开到180°，然后扳回到原来的位置时用肉眼检查应无裂纹。

（3）锁紧销的装配应使用专用工具，以免损坏金属附件的镀锌层。

投标人提供设备的性能应满足此项。

评标专家可查阅"投标产品的相关试验报告"为标题的专用章节。

三、交流盘型悬式绝缘子关键工艺

（一）设备安装使用说明书

投标人应提供对应应标交流盘型悬式绝缘子设备型号的安装使用说明书。

（二）设备维护检修手册

投标人应提供按规定模板编制的对应应标交流盘型悬式绝缘子设备型号的维护检修手册。

（三）镀锌层

绝缘子端部附件的镀锌层推荐采用热镀锌工艺。锌锭的纯度以及镀锌层的外观质量、附着性和均匀性应符合 JB/T 8177《绝缘子金属附件热镀锌层通用技术条件》的规定。考虑南方沿海高湿、工业污染等大气环境影响，特别是沿海（离海岸线 20km 范围内）、工业区（工业污源点 1～2km 范围内）等重腐蚀的地区，要求锌层厚度应不低于表 6-21 的规定。允许缺锌面积或锌层碰损面积应不大于表 6-22 的规定。锌层单点最小厚度要求应满足表 6-23 中的规定。为保证设备有足够的服役时间，非重腐蚀地区也按照表 6-21～表 6-23 的规定执行。

表 6-21　　　　　　　　　单位面积锌层厚度最小值

附件种类	平均厚度（μm）	
	单个试品	全部试品
铸铁件和铸钢件	100	120
其他钢件	85	100

表 6-22 允许缺锌面积或锌层碰损面积

铁帽（或钢脚）最大宽度（或外径）×高度	不大于（mm²）	
	单个面积	总面积
≤210	3	6
>210～350	5	15
>350	8	25

表 6-23 锌层单点最小厚度要求

附件种类	锌层单点最小厚度（μm）	$D×H$（cm²）	锌层最小厚度的最大直径（不大于，mm）
铸铁件和铸钢件	85	≤210	4
		>210	7
其他钢件	60	≤210	4
		>210	7

（四）地线绝缘子

地线绝缘子按安装方式分为悬垂式和耐张式，其连接结构应符合 GB/T 25317《绝缘子串元件的槽型连接尺寸》的规定，电极便于装配，下电极的圆环应为整体锻造，相对位置准确。间隙距离应在 10～30mm 范围内可以调整，固定后不应松动，紧固螺栓和螺母在 50N·m 扭矩下不应脱扣。地线绝缘子应配备相应电极。

（五）可见电晕及无线电干扰

绝缘子的可见电晕及无线电干扰应满足以下要求：

（1）绝缘子的全部表面应是清洁的、光滑的、无擦伤或凸起点。任何部分在运行中不应有过分集中的电场强度分布。

（2）在正常运行条件下，金属部件的可见电晕熄灭电压和无线电干扰水平应在允许值以内。

第六节　交流变电站构支架钢结构

一、关键性能指标

（一）原材料

（1）所有钢构、支架加工用钢材应符合 GB/T 700《碳素结构钢》、GB/T 1591《低合金高强度结构钢》、GB/T 709《热轧钢板和钢带尺寸、外形、重量及允许偏差》、GB/T 706《热轧型钢》等现行国家标准及设计图纸的要求，且应具有出厂质量合格证明书。

（2）钢材的表面不得有裂纹、折叠、结疤、夹杂和重皮，表面有锈蚀、麻点和划痕时，其深度不得大于该钢材负允许偏差值的 1/2，且累计误差在负允许偏差内。

（3）钢材应经力学性能试验、化学成分分析合格，并具有试验报告书。

（4）表面防腐处理、焊接及各种紧固件原材料的质量要求应符合 GB/T 470《锌锭》、GB/T 5117《碳钢焊条》、GB/T 5118《低合金钢焊条》、GB/T 5293《埋弧焊用碳钢焊丝和焊剂》等现行国家标准和设计要求。

投标方提供设备的性能应满足或优于此项。

评标专家可查阅"投标产品的相关试验报告"或"其他的技术资料"为标题的专用章节。

（二）零部件尺寸

由于放样错误，造成零部件尺寸超标；控制尺寸与图纸不符所涉及的相关件。

投标方提供设备的性能应满足或优于此项。

评标专家可查阅"投标产品的相关试验报告"为标题的专用章节。

二、关键工艺

（一）零件加工

（1）切割：钢材切割应优先采用机械剪切，其次采用自动、半自动和手工火焰切割。钢材切割面或剪切面应无裂纹、分层和大于 1.0mm 的边缘缺棱，切割面平面度为 0.05t（t 为厚度），且不大于 2.0mm，割纹深度不大于 0.3mm，局部缺口深度不大于 1.0mm。

（2）制孔：当钢板厚度大于孔径或者材质为碳素钢板且厚度大于 16mm、材质为低合金钢板且厚度大于 14mm 时，不应采用冲孔，宜采用钻孔。制孔表面不得有明显的凹面缺陷，大于 0.3mm 的毛刺应清除。

（3）制弯和制管。零件制弯后，其边缘应圆滑过度，表面不应有明显的褶皱、凹面和损伤，划痕深度不应大于 0.5mm。

（4）清根、铲背和开坡口。清根、铲背和开坡口的允许偏差按表 6-24 规定。

表 6-24　　　　　　　　清根、铲背和开坡口的允许偏差　　　　　　　　　mm

序号	项目		允许偏差	示意图
1	清根	$t \leq 10$	+0.8 −0.4	
		$10 < t \leq 16$	+1.2 −0.4	
		$t > 16$	+2.0 −0.6	
2	铲背	长度 L_1	±2.0	$L_1 = L+5$　$R_1 = R+2$
		圆弧半径 R_1	±2.0 0	L—与外接角钢搭接长度；R—外包角钢内圆弧半径
3	开坡口	开角 α	±5°	
		钝边 c	±1.0	

（二）焊接

焊缝内部质量按 GB/T 11345—2013《焊缝无损检测超声检测技术、检测等级和评定》或 JG/T 203《钢结构超声波探伤及质量分级法》检测。

（三）锌层质量

镀锌层应均匀，做硫酸铜试验，耐浸蚀次数应不少于 4 次，且不露铁。

热镀锌：镀锌层应与金属基体结合牢固，应保证在无外力作用下没有剥落或起皮现象。经落锤试验，镀锌层不凸起、不剥离。

热喷锌：栅格试验后应无涂层从基体金属上剥离。各方形格子内，涂层的一部分仍然黏附在基体上，而其余部分粘在假如在每胶带上，损坏发生在涂层的层间而不是发生在涂层与基体界面处，则认为合格。

（四）试组装

（1）构、支架试组装可采用卧式或立式。

（2）试组装时所用的螺栓规格（直径和长度）应和实际所用的螺栓规格相同。

（3）试组装时各构件应处于自由状态，不得强行组装，所使用螺栓数目应能保证构件的定位需要且每组孔不少于该组螺栓孔总数的30%，还应用试孔器检查板叠孔的通孔率，当采用比螺栓公称直径大 0.3mm 的试孔器检查时，每组孔的通孔率为100%。

（4）试组装后的允许偏差应符合表6-25的规定，图纸有另行规定的，尚应符合图纸的要求。

表6-25　　　　　　　　矫 正 的 允 许 偏 差　　　　　　　　mm

序号	项目	允许偏差	示意图
1	法兰连接钢管杆总长度 L	$+L/1000$ 0	
2	钢管杆（多节柱）直线度 f	$L/1000$	
3	法兰连接的局部间隙 a	≤2.0	
4	法兰对口错边 e	≤2.0	

续表

序号	项目		允许偏差	示意图
5	横梁中心拱度 f		$\pm L/2000$	
6	构架梁	总长 L $\leqslant 24\ 000$	$+3.0$ -7.0	
		总长 L $>24\ 000$	$+5.0$ -10.0	
		宽度 b	± 3.0	
		断面高度 h	± 3.0	
		挂点距离 L_1	± 10.0	

（5）构架柱、钢横梁应保证每一种型号都经过试组装，经检验合格后方可投入批量生产。构架柱、钢横梁试组装时应有招标方的代表及有关单位人员参加。组装时各零件均应按施工图要求进行就位。安装不适应查明原因，不得强行组装。

（6）构架柱、钢横梁试组装检验应包括（但不限于）以下项目：

（1）每一种型号控制尺寸检查。

（2）构件规格与设计图或经批准的设计转换图的校对。

（3）构件偏差的抽查。

（4）构件几何断面尺寸偏差的抽查。

（7）对每一种型号的构架柱、钢横梁在试组装后需修改原设计时，应由投标方提出清单报工程筹建部门（买方），经原设计单位修改、招标方批准后，投标方再按批准的图纸、文件进行加工。如投标方未按上述程序加工，其后果由投标方承担。

（8）试装中发现的问题应做好记录并应及时处理，损坏的镀锌层应进行重新镀锌。对修改的部位在加工后，仍需进行试组装。

（9）构架柱、钢横梁所有型号均应在工厂整体试组装合格后才能出厂。

三、交流变电站构支架钢结构关键部件

（一）构架柱

支架、主材、腹材、连接件、连板的外观、尺寸、加工精度符合要求。

钢材拉伸试验、钢材冷弯、钢材化学成分符合要求。

投标人提供设备的性能应满足此项。

评标专家可查阅"投标产品的相关试验报告"为标题的专用章节。

（二）横梁

支架、主材、腹材、连接件、连板的外观、尺寸、加工精度符合要求。钢材拉伸试验、钢材冷弯、钢材化学成分符合要求。

投标方提供设备的性能应满足或优于此项。

评标专家可查阅"投标产品的相关试验报告"为标题的专用章节。

（三）焊缝

焊缝内部质量超声波探伤仪或 X 射线探伤检测。一、二级：不允许外观质量有裂纹、弧坑裂纹、电弧擦伤、未焊透、未熔合。

投标方提供设备的性能应满足或优于此项。

四、交流变电站构支架钢结构关键工艺

（一）吊装度

安装偏差和变形符合要求。

（二）焊接工艺

飞溅清除干净，焊瘤不允许，表面夹渣，表面气孔对一、二级焊缝为 A 类缺陷。焊接缺陷示意图如图 6-10 所示。

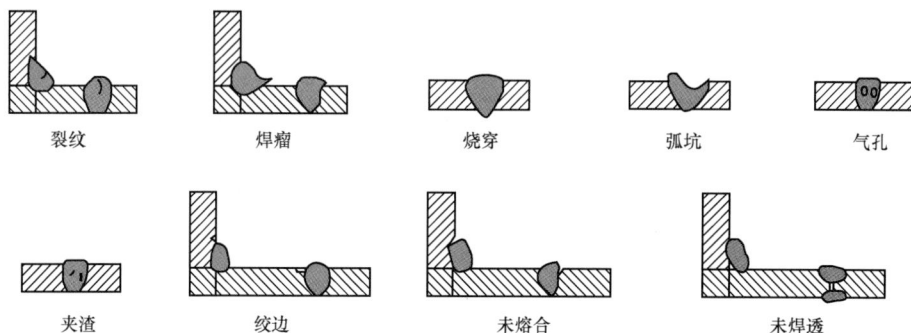

| 裂纹 | 焊瘤 | 烧穿 | 弧坑 | 气孔 |

| 夹渣 | 绞边 | 未熔合 | 未焊透 |

图 6-10　焊接缺陷示意图